普通高等教育"十三五"规划教材

电路与电子技术实验指导书

主 编 孟繁钢

参 编 曲 强 贾玉福

北 京

冶金工业出版社

2020

内 容 提 要

本书系按照高等学校电路与电子技术课程的教学要求，结合作者多年来从事电路与电子技术理论教学和实践教学经验而编写的。全书包括 17 个实验项目，每个实验项目分为基础要求和扩展要求两部分，突出体现对学生实践能力和创新能力的培养，内容覆盖电路与电子技术课程范围，实验难度循序渐进，阶梯上升，满足对不同层次的创新型和应用型人才培养的需求。

本书为高等院校电路与电子技术实验课程的教材或教师参考书，也可供非电类专业电工电子实验课程的学生选用。

图书在版编目（CIP）数据

电路与电子技术实验指导书/孟繁钢主编 . —北京：冶金工业出版社，2017. 3（2020. 1 重印）

普通高等教育"十三五"规划教材

ISBN 978-7-5024-7479-9

Ⅰ. ①电… Ⅱ. ①孟… Ⅲ. ①电路—实验—高等学校—教材 ②电子技术—实验—高等学校—教材 Ⅳ. ①TM13-33 ②TN-33

中国版本图书馆 CIP 数据核字（2017）第 047538 号

出 版 人　陈玉千
地　　址　北京市东城区嵩祝院北巷 39 号　邮编　100009　电话　（010）64027926
网　　址　www. cnmip. com. cn　电子信箱　yjcbs@ cnmip. com. cn
责任编辑　郭冬艳　美术编辑　吕欣童　版式设计　吕欣童
责任校对　郑　娟　责任印制　牛晓波
ISBN 978-7-5024-7479-9
冶金工业出版社出版发行；各地新华书店经销；三河市双峰印刷装订有限公司印刷
2017 年 3 月第 1 版，2020 年 1 月第 3 次印刷
148mm×210mm；4. 625 印张；136 千字；141 页
13. 00 元
冶金工业出版社　投稿电话　（010）64027932　投稿信箱　tougao@ cnmip. com. cn
冶金工业出版社营销中心　电话　（010）64044283　传真　（010）64027893
冶金工业出版社天猫旗舰店　yjgycbs. tmall. com
　　　　　（本书如有印装质量问题，本社营销中心负责退换）

前　言

　　电路与电子技术实验是与电路与电子技术理论课程教学相配套的实践教学环节，通过设计性、综合性和创新性实验，向学生展示电路原理、模拟电子技术、数字电子技术的基本原理以及电路设计技巧，为学生学习本专业知识和从事本专业工作提供必要的电路与电子技术知识基础，提高学生设计电路、调试电路和利用电路解决实际问题的能力。

　　全书实验是辽宁科技大学相关教师多年实践教学工作经验的整理与总结，内容覆盖电路与电子技术课程范围，实验难度循序渐进，阶梯上升，全部实验均已用于我校相关专业的实际教学，经过多年的实验教学论证，满足对不同层次的创新型和应用型人才培养的需求，适合于普通高等学校非电类专业使用。

　　本书具有以下特点：第一、在教学理念上针对学生学习能力的不同因材施教，安排较多的综合性、设计性实验，为学有余力的学生留出深入学习的空间。每个实验内容分为基本实验和扩展实验，鼓励学有余力的学生挑战难度大的实验。第二、在教学内容安排上，增加了仿真实验，强调学生自行设计电路，并进行仿真验证。第三、为了学生预习方便，在每个实验项目上都标出验证性实验或者设计性实验及参考实验学时，以供广大教师和同学参考。

　　全书内容由孟繁钢组织编写；其中实验二、实验七、实验十一及附录由曲强编写，实验十二、实验十四、实验十五由贾玉福编写，其余实验由孟繁钢编写；全书由孟繁钢统稿。

在编写过程中，得到了辽宁科技大学电信学院孙红星教授、陈志斌教授的支持和指导，并提出了宝贵的建议，在此表示衷心的感谢。

在编写过程中，参考了有关文献的相关内容，在此对相关文献的作者表示感谢。

非常感谢辽宁科技大学教务处对本书编写和出版工作的大力支持！

由于编者水平有限，书中难免存在缺点和疏漏，恳请读者批评指正。

作　者
2016 年 12 月

目　　录

目 录

实验 1　电工电子系统实验装置的使用

（计划学时：2 学时）

一、实验目的

（1）熟悉电工电子系统实验装置的使用方法。

（2）熟悉示波器的使用。

二、实验仪器设备

电工电子系统实验装置、示波器。

三、实验原理与说明

1. 电工电子系统实验装置仪表介绍

电工电子系统实验装置所使用仪表均为自行特殊设计的仪表，型号为 JDA-21 型；如图 1-1 所示。图 1-1 中（a）、（b）、（c）、（d）依次为直流电压表、直流电流表、交流电压表、交流电流表。这些仪表均为数模双显表，具有指针式仪表和数字式仪表，能够同时显示电流或电压。图 1-1 中（e）为交直流功率表。此表的指针式仪表为功率因数表，数字式仪表为功率表。

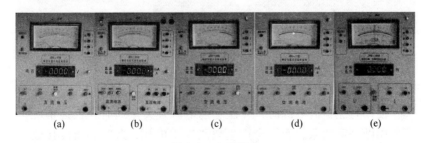

图 1-1　实验仪表

JDA-21 型仪表具有保护功能，一旦仪表使用错误，将启动保护功能，避免损坏仪表，同时对超限记录记错。JDA-21 型仪表还具有锁存功能，能够将数字式仪表所显示的数据锁存，避免数字式仪表的波动。

2. 实验台直流稳压电源与直流稳流电源的使用

实验台设有两个独立的直流稳压电源，如图 1-2 （b）、（c）所示。输出电压均可通过调节"粗调"与"细调"多圈电位器使输出电压在 0 ~ 25V 范围内改变，每个直流稳压电源的额定输出电流为 1A。输出电压可由面板指示电表作粗略指示。使用时注意正确接线及极性，防止输出短路。多圈电位器可转动 5 圈，应轻转细调。使用完毕，断开电源开关。

直流稳流电源输出电流的调节，可通过分挡粗调开关及细调多圈电位器在 0 ~ 10mA 及 0 ~ 200mA 范围内进行调节，如图 1-2 （a）所示。由于直流稳流电源理论上是不能开路的（就像直流稳压电源不能短路一样），在使用时应预先接好外电路，然后合上直流稳流源电源开关。为防止直流稳流电源对外电路的冲击，设置了预调功能，即当直流稳流电源的电源开关断开时，接通一个内部负载，通过调节可在板上方指示电表上显示电流值。当电源开关接通时，就断开内部负载，向外部负载输出已调的电流。内转外时无任何开路冲击现象。

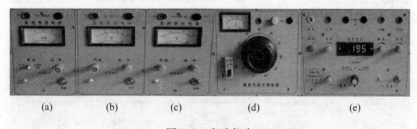

(a)　　　　(b)　　　　(c)　　　　(d)　　　　(e)

图 1-2　实验仪表

使用直流稳流电源时，应注意当电源开关接通时在任何情况下不要中断外部负载，否则会产生较高输出电压，此时如再度接通外部负载，就可能产生冲击电流使仪表过载记录。如需改接外部线路，应先断开电源开关，此时内部负载与外部负载是并联的，再断开外线路，就不会使直流稳流电源开路。另外，需注意电源板上小电流表的量限能随着输出电流粗调开关位置同步转换，在 0 ~ 10mA 位置时满偏是 10mA，在 0 ~ 200mA 位置时满偏为 200mA。

直流稳流电源使用完后应关断开关并将预调电流降低至零。

3. 单相交流调压器介绍

单相交流调压器为改变交流电压的装置。电工电子系统实验装置中的单相交流调压器的输入电压为交流 220V，输出电压为 0 ~ 250V 可调；输出功率为 2kW。如图 1-2（d）所示。

电工电子系统实验装置中的单相交流调压器的输入 ~220V 已经接好，只要转动手柄即可调节输出电压，顺时针旋转手柄，输出电压由 0 ~ 250V 逐渐增加。单相交流调压器自身带有电压表，随时显示输出电压。

4. 信号发生器介绍

信号发生器也叫函数电源或者变频电源，它是一个输出电压可调、输出频率可调的信号电源。输出信号的种类有三角波、方波、正弦波等，分别有不同的输出端。每个输出端下都有一个旋钮用于调节输出电压：顺时针转动旋钮，输出电压增加；逆时针转动旋钮，输出电压减小。在函数电源中间有一个显示屏，用于显示函数电源的输出频率（所有信号的输出频率都相同）。调节输出频率有两个旋钮，其中一个为波段开关，作为输出频率的粗调；另一个多圈电位器作为输出频率的细调。如图 1-2（e）所示。

5. 示波器

由于示波器需介绍的内容较多，占用篇幅较大，故安排在附录中介绍。学生在做实验时，由指导教师进行讲解或参看附录。

四、实验内容与步骤

1. 直流电源及其直流仪表的使用

（1）直流稳压电源及其直流电压表的使用。

将直流稳压电源调到 5V，然后用直流电压表校对。

将直流稳压电源串联一个 500Ω 电阻，然后连接到电阻箱（×100Ω）上，调节电阻观察直流稳压电源电压是否改变，如果电压发生变化，记录变化量。

将直流稳压电源调到 15V，重复上述步骤，结果填入表 1-1。

表 1-1　测量直流稳压电源数据表

R	200Ω	300Ω	400Ω	500Ω	600Ω	700Ω	800Ω
5V							
15V							

（2）直流稳流电源及其直流电流表的使用。

将直流稳流电源调到 5mA，然后用直流电流表校对。

将直流稳流电源串联一个 500Ω 电阻，然后连接到电阻箱（×100Ω）上，调节电阻观察直流稳流电源电压是否改变，如果电压发生变化，记录变化量。

将直流稳流电源调到 25mA，重复上述步骤，结果填入表 1-2。

表 1-2　测量直流稳流电源数据表

R	200Ω	300Ω	400Ω	500Ω	600Ω	700Ω	800Ω
5mA							
25mA							

2. 单相电源及其交流电压表的使用

单相交流调压器的输出电压调到 15V，然后用交流电压表校对。

将单相交流调压器连接到灯箱（U 相）上，观察灯泡的亮度。再将单相交流调压器的输出电压调到 30V，重新观察灯泡的亮度。

3. 正弦波信号发生器的使用

利用交流电压表将正弦波信号调到 5V，频率调到 1kHz；用示波器观察输出波形，并且测量其输出波形的电压和频率。

五、实验要求

预习实验指导书中的实验内容及其实验方法与步骤，并写出预习报告。

六、思考题

（1）为什么关闭电源开关后，实验装置中的直流稳流电源上的电流表仍然有读数？

（2）如果将单相交流调压器的输出电压调为零，人触摸单相调压器的输出端能否触电？

七、注意事项

（1）在调节输出电压和输出电流时，在打开电源之前要先将输出旋钮逆时针旋转到头（使输出为零），然后再逐渐顺时针调节输出旋钮，避免打开电源后就有一个大电压（电流）冲击。

（2）做实验时要注意安全，通电后，不要触摸电路中的金属部分。

实验 2　基尔霍夫定律与替代定理

(计划学时：2 学时)

一、实验目的

(1) 加深对基尔霍夫定律及替代定理的理解。
(2) 用实验数据验证基尔霍夫定律和替代定理。
(3) 熟练掌握仪器仪表的使用技术。

二、实验仪器设备

电工电子系统实验装置。

三、实验原理与说明

1. 基尔霍夫定律

基尔霍夫定律是电路理论中最基本的定律之一，它阐明了电路整体结构必须遵守的规律，应用极为广泛。

基尔霍夫定律有两条：一是电流定律，另一是电压定律。

(1) 基尔霍夫电流定律（简称 KCL）：对任意节点，在任意时刻，流入该节点所有支路电流的代数和为零（或：流入节点的电流等于流出节点的电流）。

KCL 是电荷守恒和电流连续性原理在电路中任意结点处的反应。是对结点处支路电流和的约束，与支路上接的是什么元件无关，与电路是线性还是非线性无关。KCL 方程是按电流参考方向列写的，与电流实际方向无关。KCL 可推广应用于电路中包围多个结点的任一闭合面。

(2) 基尔霍夫电压定律（简称 KVL）：任一时刻，任一回路，沿任一绕行方向，所有支路电压的代数和恒等于零。

KVL 的实质反映了电路遵从能量守恒，是对回路中的支路电压和的约束，与回路各支路上接的是什么元件无关，与电路是线性还是非线性无关。KVL 方程是按电压参考方向列写的，与电压实际方向无关。

替代定理定理：

对于给定的任意一个电路，若某一支路电压为 u_k、电流为 i_k，那么这条支路就可以用一个电压等于 u_k 的独立电压源，或者用一个电流等于 i_k 的独立电流源，或用 $R = u_k/i_k$ 的电阻来替代。替代后电路中全部电压和电流均保持原有值。

2. 电流插头与电流插孔的使用

在测量电流时要用到电流表，但是由于每个实验台只准备了一块电流表。而电流表需要串联在电路中，不方便随时取下。因此，在实验室测量电流时，通常采用电流插头与电流插孔配合使用。图 2-1 所示为电流插头和电流插孔的结构。

电流插孔是常闭的金属弹簧片。电流插头是绝缘的插头引出两个导线，一红一黑。

需要测量电流时，将电流插孔串联到需要测量的支路中，电流插孔正常是闭合的，对电路没有影响。将电流插头接到电流表上，需要

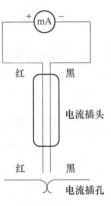

图 2-1 插头和插孔的结构

测量哪个支路电流时，就将电流插头插到该支路的电流插孔中；电流表则串联到该支路上，显示的数值就是该支路的电流。

四、实验内容与步骤

（一）基本要求

1. 验证基尔霍夫电流定律

（1）按照图 2-2 所示实验线路接线：取电阻 $R = 1k\Omega$。

（2）按照表 2-1 测量各个支路的电流，将测量结果填入表 2-1，并与计算值进行比较。

注意：实验时，各条支路电流及总电流用电流表测量。在接线

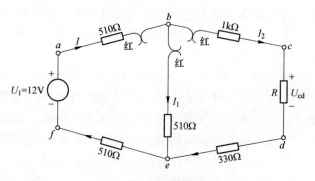

图 2-2　实验线路接线

时，每条支路可串联连接一个电流表插孔。测量电流时，只要把电流表所连接的插头插入即可读数，但要注意插头连接时的极性，插口一侧有红点标记的与插头红线对应。

表 2-1　验证基尔霍夫电流定律测量数据表

项　目　＼　支路电流	I	I_1	I_2
计 算 值			
测 量 值			

（3）根据图 2-2 中标出的电流方向，计算出节点 b 的电流和，并且计算出误差。数据填入表 2-2。

表 2-2　测量电流误差计算数据表

相　加　＼　节　点	b	d
ΣI（计算值）		
ΣI（测量值）		
误差 ΔI		

2. 验证基尔霍夫电压定律

（1）按照表 2-3 测量各个支路的电压，将测量结果填入表 2-3，并与计算值进行比较，计算出误差。

表 2-3　验证基尔霍夫电压定律测量数据表

项　目　电压	U_{ab}	U_{bc}	U_{cd}	U_{de}	U_{be}	U_{af}
计　算　值						
测　量　值						

（2）按照表 2-4 中给定的各个回路，计算出各个回路的电压和，并计算值进行比较，计算出误差。

表 2-4　测量电压误差计算数据表

相　加　回　路	$abefa$	$bcdeb$	$abcdefa$
$\sum U$（计算值）			
$\sum U$（测量值）			
误差 ΔU			

（二）扩展要求

（1）按照图 2-3 所示实验线路接线：cd 间电阻 R 用电压源代替，电压源电压等于电阻电压 U_{cd}。

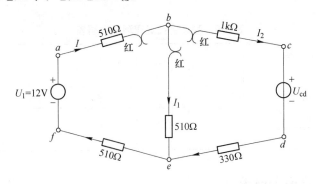

图 2-3　实验线路接线

按照表 2-5 测量各个支路的电流和电压，将测量结果填入表 2-5。

表 2-5　验证替代定理测量数据表

项目 　　测量数据	I	I_1	I_2	U_{ab}	U_{bc}	U_{cd}	U_{de}	U_{be}	U_{af}
计 算 值									
测 量 值									
绝对误差 Δ									

（2）按照图 2-4 所示实验线路接线：cd 间电阻 R 用电流源代替，电压源电压等于电阻电流 I_2，结果填入表 2-6。

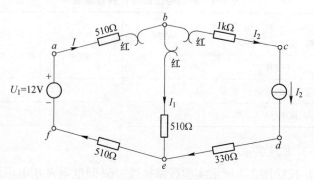

图 2-4　实验线路接线

表 2-6　验证替代定理测量数据表

项目 　　测量数据	I	I_1	I_2	U_{ab}	U_{bc}	U_{cd}	U_{de}	U_{be}	U_{af}
计 算 值									
测 量 值									
绝对误差 Δ									

五、实验报告要求

（1）完成实验测试、数据列表；根据实验测量结果得出结论。

（2）根据电路参数计算出各支路电流及电压；将计算结果与实验测量结果进行比较，说明误差原因。

（3）小结对基尔霍夫定律和替代定理的认识。

（4）总结收获和体会。

（5）回答思考题。

六、思考题

对于非线性电路，基尔霍夫定律是否适用，怎样用实验方法验证？

实验3　叠加定理

一、实验目的

（1）通过实验来验证线性电路中的叠加定理。

（2）学习使用直流仪器仪表测试电路的方法。

二、仪器设备

电工电子系统实验装置。

三、实验原理与说明

在线性电路中，任一支路的电流（或电压）可以看成是电路中每一个独立电源单独作用于电路时，在该支路产生的电流（或电压）的代数和。这一结论称为线性电路的叠加定理，如果网络是非线性的，叠加定理不适用。

四、实验内容与步骤

1. 基本要求（验证叠加定理）

实验电路如图 3-1 所示：

（1）先调节好电压源 $U_1 = 12V$，$U_2 = 6V$。

（2）按图 3-1 接线。K_1 接通电源，K_2 打向短路侧，（U_1 单独作用）根据表 3-1，测量各电压和电流，数据填入表 3-1。

（3）K_2 接通电源，K_1 打向短路侧（U_2 单独作用），根据表 3-1，测量各电压和电流，数据填入表 3-1。

（4）K_1、K_2 都接通电源（U_1、U_2 共同作用），根据表 3-1，测量各电压和电流，数据填入表 3-1。

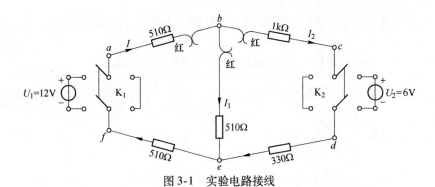

图 3-1 实验电路接线

表 3-1 验证叠加定理数据表

项 目	电 压	U_{ab}	I_{ab}	U_{bc}	I_{bc}	U_{be}
实际测量值	U_1 单独作用					
	U_2 单独作用					
	U_1，U_2 共同作用					
理论计算值	U_1 单独作用					
	U_2 单独作用					
	U_1，U_2 共同作用					

2. 扩展要求（验证非线性元件不适用叠加定理）

验证非线性元件不适用叠加定理。按图 3-2 接线（在图 3-1 电路中的 *de* 支路连接非线性元件二极管）。

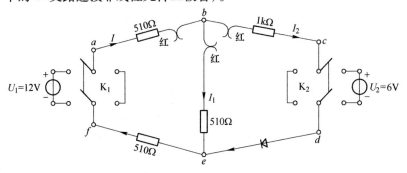

图 3-2 实验电路接线

与基本要求测量步骤相同，重新测量各电压和电流数据填入表3-2。

表 3-2　验证非线性元件不适用叠加定理数据表

项　目　　　　电　压	U_{ab}	I_{ab}	U_{bc}	I_{bc}	U_{be}
U_1 单独作用					
U_2 单独作用					
U_1、U_2 共同作用					

五、实验报告要求

（1）完成实验测试、数据列表；根据实验测量结果得出结论。

（2）根据叠加定理及电路参数计算出 U_1 单独作用，U_2 单独作用，U_1、U_2 共同作用时各支路电流及电压；计算结果与实验测量结果进行比较，说明误差原因。

（3）小结对叠加定理的认识。

（4）总结收获和体会。

（5）回答思考题。

六、思考题

如果电源含有不可忽略的内电阻与内电导，实验中应如何处理？

实验 4　直流电路的设计与研究

（计划学时：4 学时）

一、实验内容与任务

1. 基本要求

（1）根据图 4-1 给出的电路结构（拓扑图）设计电路参数，使电路满足以下条件：

1）单号同学电流源电流 $I_S = 5\text{mA}$，电压源电压 $U_2 = 10\text{V}$。双号同学电流源电流 $I_S = 10\text{mA}$，电压源电压 $U_2 = 20\text{V}$（学号为从 1 号开始向后排列）。

2）电流 I_1 的大小为（5 + 学号 ×2）mA。

3）电阻 R_3 的阻值为（1 + 学号 ×0.1）$k\Omega$。

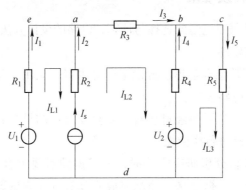

图 4-1　电路结构

（2）根据设计的电路参数，组成图 4-1 所示电路，测量并记录各支路电流作为实验结果。

（3）按图 4-1 所示电流方向用支路电流法列写方程。求解联立方程，得各支路电流。比较解联立方程组的结果与实验结果是否一致。如果一致，说明列写正确，如果不一致，说明列写错误，重新列写方程。

针对结点 *a* 验证基尔霍夫电流定律，针对回路 *abcdea* 验证基尔霍夫电压定律。

利用实验电路设计分析电位与电压的关系的方案。确定实验步骤，设计测量数据表格，利用测量数据研究讨论电位、电压之间的关系。了解电位图的含义与画法，选取一个回路，画回路的电位图，分析电位图的特点。

2. 扩展要求

设计验证戴维南定理和诺顿定理的方案并进行实验验证。

制定结合实验电路验证戴维南定理和诺顿定理的方案；研究在各种情况下准确测量开路电压和等效内阻的方法；正确设计验证戴维南定理和诺顿定理的实验步骤和测量数据表格；利用测量数据分别验证戴维南定理和诺顿定理。

二、实验过程及要求

（1）自学预习电阻的选择与计算、电路的设计方法的相关知识；自学预习仿真软件。

（2）学习戴维南定理、替代定理等内容，应用所学知识，根据给定条件设计电路参数。

（3）设计完成后要经过仿真实验验证设计结果是否正确，然后再组成实验电路进行实验操作。

（4）在进行分析研究实验时，要根据题目要求合理设计方案、实验步骤及测量数据表格。测试完成后分析研究测试数据得出实验结论。

（5）在测量数据时，要合理选择测试点，并将测量数据与仿真结果进行比较，如果存在误差，分析误差原因，确定解决方案。

（6）完成每项实验任务后，要向指导教师报告，指导教师根据实验测量数据和观察操作过程给出实验操作成绩。

三、相关知识及背景

（1）实验涉及知识。直流电路中的电位、参考点及电压的概念及戴维南定理和诺顿定理的相关知识；电阻的计算与选择的相关知识；实验测量的相关知识；运用仿真软件的相关知识。

（2）实验运用的方法。测量的基本方法，电路的设计方法。

（3）实验提高的技能。电路的元器件的选择与识别技能，实验操作技能。

四、实验目的

（1）加深理解戴维南定理和诺顿定理及电位与电压关系。

（2）了解电阻的计算与选择及其电路焊接的相关知识。

（3）了解电路的设计方法，掌握运用测量技术研究解决问题的方法。

（4）掌握利用计算机分析问题解决问题的方法。

五、实验教学与指导

1. 实验原理

（1）电压与电位的关系。

一个由电动势和电阻元件构成的闭合回路中，必定存在电流的流动。电流是正电荷在电势作用下沿电路移动的集合表现，并且人们习惯规定正电荷是由高电位点向低电位点移动的。因此，在一个闭合电路中，各点都有确定的电位关系。但是，电路中各点的电位高低都只能是相对的，所以我们必须在电路中选定某一点作为比较点（或称参考点），如果设定该点的电位为零，则电路中其余各点的电位就能以该零电位点为准进行计算或测量。在一个确定的闭合电路中，各点电位高低虽然相对参考点电位的高低而改变，但任意两点间的电位差（电压）则是绝对的，它不会因参考点电位变动而改变。

（2）电位图。

对于一个回路，如果电位作为纵坐标，电路中各点位置（电阻）

作为横坐标，将回路中各点的电位在坐标平面中标出，并把标出点按顺序用直线相连接，就成为电路的电位图。图中每段直线即表示两点间电位变化的情形，直线的斜率即为该支路的电流。所以，从电位图可以明显地看出回路中各点电位的高低，还能知道回路中各支路电流的大小。

例如，在图4-2电路中，选定 a 点为电位参考点，如图4-3，从 a 点开始顺时针方向作图。以 a 点置坐标原点，自 a 至 b 的电阻为 R_3。在横坐标上取 R_3 单位比例尺得 b 点，因 b 点的电位是 φ_b，作出 b' 点。因 a 点（0点）的电位 $\varphi_a = 0$，所以 $\varphi_b - \varphi_a = \varphi_b = -IR_3$，电流方向自 a 至 b，a 点电位应较 b 点电位高，但 $\varphi_a = 0$，所以 φ_b 是负电位。$0b'$ 直线即表示电位在 R_3 中的变化情形。直线的斜率表示电流的大小。自 b 至 c 为电源，如果内电阻忽略，则 b 至 c 将升高一电位，其值等于 E_1，即 $\varphi_c - \varphi_b = E_1$，$\varphi_c = \varphi_b + E_1 = E_1 - IR_3$。因为电池无内阻，故 b 点与 c 点合一，而直线自 b' 垂直上升至 c'，$b'c' = E_1$。以此类推，可作出完整的电位变化图。显然，沿回路一周，终点与起点同为 a 点，可见沿闭合回路一周所有电位升相加总和必定等于所有电位降相加总和。如果把 a 点电位升高（或降低）某一数值，则电路中各点电位也变化同样的值，但两点间电位差仍然不变。当然，在电路中选任何点作参考点都可，不同参考点所作电位图是不同的，但说明电位变化规律则是一样的。

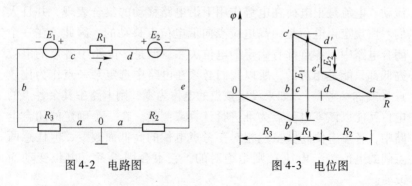

图4-2　电路图　　　　　　　　图4-3　电位图

（3）戴维南定理和诺顿定理。

任何一个线性网络，如果只研究其中的一个支路的电压和电流，则可将电路的其余部分看作一个含源一端口网络，而任何一个线性含源一端口网络对外部电路的作用，可用一个等效电压源来代替。该电压源的电动势等于这个含源一端口网络的开路电压，其等效内阻等于这个含源一端口网络中各电源均为零时（电压源短接，电流源断开）无源一端口网络的入端电阻。这个结论，就是戴维南定理。

如果用等效电流源来代替，其等效电流等于这个含源一端口网络的短路电流，其等效内电导等于这个含源一端口网络各电源均为零时无源一端口网络的入端电导。这个结论，就是诺顿定理。

等效的含义是两个电路的外特性相同。应用戴维南定理和诺顿定理时，被变换的一端口网络必须是线性的，可以包含独立电源或受控源，但是与外部电路之间除直接联系外，不允许存在任何耦合。外部电路可以是线性的、非线性的或时变元件，也可以是由它们组成的网络。

2. 实验方案

（1）实验电路设计。

实验电路设计按图4-4流程图进行。

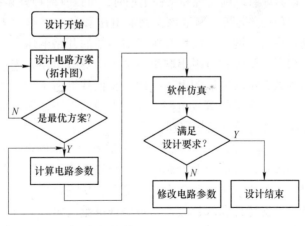

图4-4　实验电路设计流程

首先，根据实验任务设计出电路方案（拓扑图）。可多设计几种方案，然后选择最优的（注意要求有两个以上等电位点，在设计拓扑图时要考虑，如对称的拓扑图就容易存在等电位点）。

其次，选择各个支路的电阻。在选择电阻时首先要计算电阻的阻值，选择电阻时，通常选用标称规格，除了选择阻值外，还要计算电阻的功率，一般选择功率比计算值略大一些。

然后，利用仿真软件进行电路仿真实验，看是否满足设计要求，不满足进行修改参数，直到满足设计要求。

在设计电阻值时，利用仿真软件在仿真软件上进行设计方便快捷。

（2）电位与电压的研究。

选择不同的参考点，分别测量实验电路的电位和电压。测量电位的方法是：将电压表的负表笔接到参考点，正表笔所测量的数值就是该点的电位。测量电压的方法是：将电压表的两个表笔分别接到两点，所测量的数值就是两点的电压。根据不同的参考点测量的电位和电压的数据，即可判断得出电位的相对性和电压的绝对性。

（3）验证戴维南定理和诺顿定理。

在设计验证戴维南定理和诺顿定理时，可以有两种方案：

1）选择一条支路，测量该支路的电压和电流，然后去掉该支路，形成有源二端网络，测量有源二端网络的开路电压、短路电流及内阻，利用电压源和电阻串联组成戴维南等效电路，连接去掉的支路，测量该支路的电压和电流。即可验证戴维南定理；利用电流源与电阻并联组成诺顿等效电路，连接去掉的支路，测量该支路的电压和电流，即可验证诺顿定理。

2）选择一条支路，去掉该支路，形成有源二端网络，测量有源二端网络的伏安特性曲线及开路电压、短路电流和内阻。利用电压源和电阻串联组成戴维南等效电路，测量其伏安特性曲线，与有源二端网络的伏安特性曲线比较，即可验证戴维南定理。利用电流源与电阻并联组成诺顿等效电路，测量其伏安特性曲线，与有源二端网络的伏安特性曲线比较，即可验证诺顿定理。

（4）测量开路电压、等效内阻的方法。

1）测量开路电压的方法。

方法一：直接测量法。

当有源一端口网络的等效电阻 R_S 与电压表的内阻 R_V 相比可以忽略不计时，可以用直流电压表直接测量开路电压。

方法二：补偿法。

如果有源一端口网络的等效电阻 R_S 与电压表的内阻 R_V 相比不能忽略不计时，R_V 的接入，会改变被测电路的工作状态，给测量结果带来一定误差，因此需要使用补偿法进行测量。用这种方法可以排除电压表内阻对测量所造成的影响。图 4-5 为补偿法测量电压的电路图。

用补偿法测量电压的步骤如下：

第一步：用电压表初测电压图 4-5（a）中的开路电压 U_{ab} 的值，然后调节图 4-5（b）中补偿电路中的分压器，使电压表显示的值近似等于 U_{ab}。

第二步：将 a'、b' 与 a、b 对应相接，再细调补偿电路中分压器的输出电压 U，使检流计 G 的指示为零。这个情况说明两点事实：第一点，因为没有电流通过检流计 G，表明 a'、a 两点电位相同；所以这说明电压表所指示的电压 U 等于被测电压 U_{OC}。第二点，因为没有电流流过检流计 G，表明由于补偿电路的接入，并没有影响被测电路。

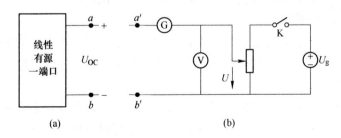

图 4-5 补偿法测量开路电压

2）测量等效内阻 R_S 的方法。

方法一：开路短路法。

测量 a、b 端的开路电压 U_K 及其短路电流 I_S，则等效内阻 R_S，

由 $R_s = U_0/I_s$ 计算。此法适用于等效内阻 R_s 较大，而且短路电流不超过电源额定电流的情况，否则容易烧坏电源。

方法二：外加电压法。

把有源一端口网络中所有的独立电源置零，然后在端口处外加一给定电压 U，测得输入端口的电流 i，则等效内阻 R_s 由 $R_s = U/I$ 计算。

方法三：二次电压法。

测量电路如图 4-6 所示，首先断开开关 K，测量 a、b 的开路电压 U_{OC}，然后闭合开关，在 a、b 端接一已知电阻 R_L，并再次测量 a、b 的端电压 U_L。则等效内阻 R_s，由 $R_s = (U_{OC}/U_L - 1)R_L$ 计算。

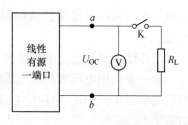

图 4-6　二次电压法测量等效内阻

六、实验报告要求

（1）写出实验名称、班级、姓名、学号、同组人员等基本信息。

（2）写出实验的目的和意义。

（3）列出实验使用的仪器设备名称及材料数量（清单）。

（4）写出根据实验要求设计电路参数的设计过程，以及对实验电路进行的仿真分析。

（5）写出研究电位与电压关系时的测量数据，及对测量数据进行的分析、讨论得出的结论。绘制回路的电位图，分析讨论电位图的特点。

（6）写出利用实验电路验证戴维南定理的方案及方案论证。编制测量数据表格，写出对测量实验数据进行的分析、讨论以及由此得出结论。

（7）写出对数据记录与处理的过程，包括实验时的原始数据、分析结果的计算以及误差分析结果等。

（8）写出对实验的自我评价，总结实验的心得、体会并提出建议。

七、思考题

（1）对于含有受控源的电路戴维南定理和诺顿定理是否成立，如何验证？

（2）对于含有电流源的电路的电位如何计算？

实验 5　用三表法测量交流电路等效阻抗

（计划学时：2 学时）

一、实验目的

（1）学习用功率表、交流电压表、交流电流表测定交流电路元件等效参数的方法。

（2）掌握功率表的使用方法。

二、实验仪器设备

电工电子系统实验装置。

三、实验原理与说明

在交流电路中，元件的阻抗值或无源一端口网络的等效阻抗值，可以用交流电压表、交流电流表和功率表分别测出元件（或网络）两端的电压 U，流过的电流 I 和它所消耗的有功功率 P 之后再通过计算得出。其关系式为：

$$阻抗的模：|Z| = \frac{U}{I}$$

$$功率因数：\cos\varphi = \frac{P}{UI}$$

$$等效电阻：R = \frac{P}{I^2} = |Z| \cdot \cos\varphi$$

$$等效电抗：X = |Z| \sin\varphi$$

$$|X| = \sqrt{Z^2 - R^2}$$

这种测量方法简称为三表法，它是测量交流阻抗的基本方法。

由三表法测得的 U、I、P 的数值还不能判别被测阻抗是属于容性还是属于感性，一般可用下列方法加以确定。

（1）在被测元件两端并接一只适当容量的试验电容器，若电流表读数增大，则被测元件为容性；若电流表读数减小，则被测元件为感性。

假定被测阻抗 Z 的电导和电纳分别为 G、B，并联试验电容 C_0 的电纳为 B_0。在端电压有效值不变的条件下，设被测元件两端并联试验电容 C_0 后的总电纳为 $B + B_0 = B'$。若 B_0 增大，B' 也增大，而电路中电流 I 单调上升，则可判断 B 为容性元件。若 B_0 增大，但是 B' 却先减小而后再增大，电流也是先减小后上升，而电路中电流 I 单调上升，则可判断 B 为感性元件。

由以上分析可见，当 B 为容性元件时，对并联电容 C_0 值无特殊要求；但其为感性元件时，$B_0 < | 2B |$ 才有判定为感性的意义。当 $B_0 > | 2B |$ 时，电流单调上升，与 B 为容性时相同，并不能说明电路为感性的。因此，$B_0 < | 2B |$ 是判断电路性质的可靠条件。由此得判定条件为 $C_0 < | 2B/\omega |$。

（2）利用示波器测量阻抗元件的电流与端电压之间的相位关系，电流超前为容性，电流滞后为感性。

（3）在电路中接入功率因数表，从表上直接读出被测阻抗的 $\cos\varphi$ 值，读数超前为容性，读数滞后为感性。

四、实验内容与步骤

（一）基本要求

1. 测量交流电路的电阻

按图 5-1 接线，$R = 500\Omega$（采用实验装置上的电阻箱）。交流电源采用单向调压器，首先调节调压器输出电压为零，然后通电。逐

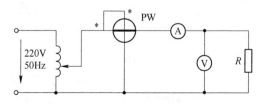

图 5-1　测量交流电路的电阻

渐升高调压器电压，测量数据填入表5-1中。为了测量精确，选取不同的电压测量两次。

表 5-1　测量交流电路的电阻数据表

项 目	测 量 值			计 算 值	
	I/A	U/V	P/W	R/Ω	R平均值$/\Omega$
1					
2					

2. 测量交流电路的电感

按图 5-2 接线，L 采用日光灯的镇流器。交流电源采用单向调压器，首先调节调压器输出电压为零，然后通电。逐渐升高调压器电压，测量数据填入表 5-2 中。为了测量精确，选取不同的电压测量两次。

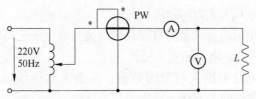

图 5-2　测量交流电路的电感

表 5-2　测量交流电路的电感数据表

项 目	测量值			计 算 值					
	I/A	U/V	P/W	Z/Ω	R/Ω	X_L	$Z\angle\varphi$	L/H	L/H（平均）
1									
2									

3. 测量交流电路的电容

按图 5-3 接线，$C = 5\mu F$（采用实验装置上的电容箱）。交流电源采用单向调压器，首先调节调压器输出电压为零，然后通电。逐渐升高调压器电压，测量数据填入表 5-3 中，为了测量精确，选取不同的电压测量两次。

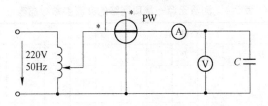

图 5-3　测量交流电路的电容

表 5-3　测量交流电路的电容数据表

项 目	测量值			计 算 值					
	I/A	U/V	P/W	Z/Ω	R/Ω	X_C	$Z\angle\varphi$	$C/\mu F$	$C/\mu F$（平均）
1									
2									

（二）扩展要求

测量无源一端口网络的交流参数，按图 5-4 连接电路，用三表法测量此被测网络的交流参数。其中虚线内为被测网络，被测网络为由电阻 R、电感 L 和电容 C 组成的无源一端口网络（图中 L 为电感元件，采用 20W 日光灯中的镇流器；R_L 为镇流器等效电阻。$R = 500\Omega$，$C = 5\mu F$）。R、L、R_L、C 的参数由上面实验测得。

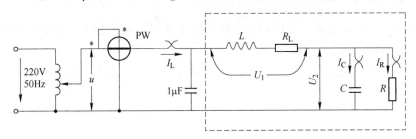

图 5-4　测量接线图

交流电源采用单向调压器，首先调节调压器输出电压为零，然后通电。逐渐升高调压器电压，测量数据填入表 5-4 中。为了判断无源一端口是容性还是感性，在端口处并联小电容，根据端口电流的大小进行判断。

表 5-4　测量无源一端口网络的交流参数数据表

项目	测　量　值							计　算　值				
	U	U_1	U_2	P	I_L	I_C	I_R	Z	R	X_C 或 X_L	$Z\angle\varphi$	C 或 L
并联 1μF 电容前												
并联 1μF 电容后												

五、实验报告要求

（1）完成实验测试、数据列表。

（2）根据测量值对各个元件进行计算。

（3）绘制被测网络电压、电流向量图。

（4）总结收获和体会。

（5）回答思考题。

六、思考题

为什么测量电感时功率表有读数而测量电容时功率表无读数?

七、注意事项

（1）通电前，单向调压器的手柄要逆时针旋转到头，使输出电压为零，避免对电路进行冲击。

（2）本实验为强电实验，要注意人身安全，不要触摸带电的金属部分。

实验 6　日光灯电路和功率因数的提高

（计划学时：4 学时）

一、实验目的

（1）研究正弦稳态交流电路中电压、电流相量之间的关系。

（2）熟悉日光灯的接线，能正确迅速连接电路。

（3）理解改善电路功率因数的意义并掌握其方法。

（4）熟练使用功率表。

二、实验仪器设备

电工电子系统实验装置。

三、实验原理与说明

（1）在单相正弦交流电路中，用交流电流表测得各支路的电流值，用交流电压表测得回路各元件两端的电压值，它们之间的关系满足相量形式的基尔霍夫定律，即 $\Sigma I = 0$ 和 $\Sigma U = 0$。图 6-1 所示的 RC 串联电路，在正弦稳态信号 U 的激励下，U_R 与 U_C 保持有 90°的相位差，即当 R 阻值改变时，U_R 的相量轨迹是一个半圆。U、U_C 与 U_R 三者形成一个直角形的电压三角形，如图 6-2 所示。R 值改变时，可改变 φ 角的大小，从而达到移相的目的。

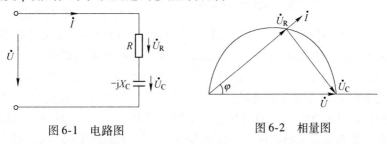

图 6-1　电路图　　　　图 6-2　相量图

（2）日光灯电路由日光灯管 A，镇流器 L（带铁心电感线圈），启动器 S 组成，如图 6-3 所示。当接通电源后，启动器内发生辉光放电，双金属片受热弯曲，触点接通，将灯丝预热使它发射电子。启动器接通后，辉光放电停止，双

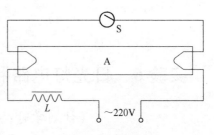

图 6-3　日光灯电路

金属片冷却，又把触点断开。这时镇流器感应出高电压加在灯管两端，使日光灯管放电，产生大量紫外线，灯管内壁的荧光粉吸收后辐射出可见的光，日光灯就开始正常工作。启动器相当一个自动开关，能自动接通电路（加热灯丝）和开断电路（使镇流器产生高压，将灯管击穿放电）。镇流器的作用除了感应高压使灯管放电外，在日光灯正常工作时，起限制电流的作用，镇流器的名称也由此而来。由于电路中串联着镇流器，它是一个电感量较大的线圈，因而整个电路的功率因数不高。

（3）负载功率因数过低，一方面没有充分利用电源容量，另一方面又在输电电路中增加损耗。为了提高功率因数，最常用的方法是在负载两端并联一个补偿电容器，抵消负载电流的一部分无功分量。在日光灯接电源两端并联一个可变电容器，如图 6-4 所示。

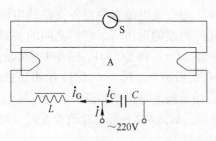

图 6-4　并联可变电容器的日光灯电路

因为电容电流 I_C 超前电压 U 角 90°，可以抵消日光灯电流 I_G 的一部分无功分量，结果总电流 I 逐渐减小，其相量图如图 6-5（a）所示。当可变电容器的容量逐渐增加时，电容支路电流 I_C 也随之增大。当电容支路电流 I_C 抵消日光灯电流 I_G 的全部无功分量时，总电流 I 最小，其相量图如图 6-5（b）所示。当可变电容器的容量继续增加（过补偿）时，总电流又将增大。此刻电流超前电压，电路呈容性，其相量图如图 6-5（c）所示。

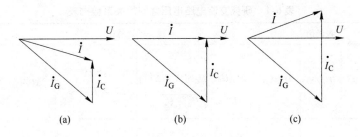

图 6-5　相量图

在实验装置上，日光灯电路中一部分电路已经接好，如图 6-6 所示在接线时，要把双刀双掷开关扳到下面，然后接入电源以及测试仪表。

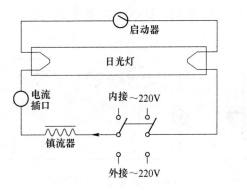

图 6-6　实验用电路

四、实验内容与步骤

（一）基本要求

1. 研究交流电路电压之间的关系

按图 6-1 接线。R 为 220V、15W 的白炽灯泡，电容器为 4.7μF/450V。经指导教师检查后，接通实验台电源，将自耦变压器输出 U 调至 220V。记录 U、U_R、U_C 值，验证电压三角形关系。数据填入表 6-1。

表6-1 研究交流电路电压之间的关系数据表

测量值			计算值		
U/V	U_R/V	U_C/V	U'/V （与 U_R、U_C 组成 $Rt\triangle$） $U' = \sqrt{U_R^2 + U_C^2}$	ΔU/V $\Delta U = U' - U$	$\Delta U/U'$ /%

2. 日光灯线路接线与测量

按图6-7接线。经指导教师检查后接通实验台电源，调节自耦调压器的输出，使其输出电压缓慢增大，直到日光灯刚启辉点亮为止，记下三表的指示值。然后将电压调至 220V，测量功率 P，电流 I，电压 U，U_L，U_A 等值，数据填入表6-2，验证电压、电流相量关系。

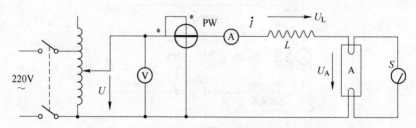

图6-7 日光灯线路接线图

表6-2 验证电压、电流相量关系数据表

项 目	测 量 数 值						计算值	
	P/W	$\cos\varphi$	I/A	U/V	U_L/V	U_A/V	R/Ω	$\cos\varphi$
启辉值								
正常工作值			220V					

3. 并联电路——电路功率因数的改善

按图6-8接线。经指导老师检查后，接通实验台电源，将自耦调压器的输出调至 220V，分别测量电容 C 不同时的参数。数据记入表6-3中。

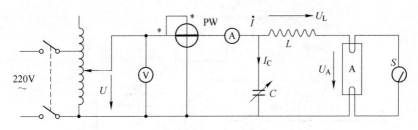

图 6-8 并联电路

表 6-3 电路功率因数的改善数据表

电容 /μF	总电压 U/V	U_L/V	U_A/V	总电流 I/mA	I_C/mA	I_G/mA	功率 P/W
0							
1							
2.2							
4.7							
5.17							
5.7							

（二）扩展要求

研究利用电容替代镇流器的日光灯电路。

（1）根据以上的测量参数计算出日光灯电阻。

（2）如图 6-9 用电容代替镇流器的位置，计算出日光灯正常发光（日光灯的电流、电压不变）时需要串联的电容值。

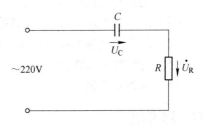

图 6-9 用电容替代镇流器

（3）按图 6-10 接线，利用电容替代镇流器的日光灯电路的参数。数据记入表 6-4 中。

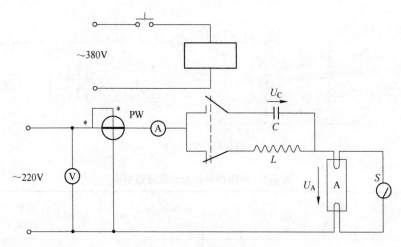

图 6-10　电路接线图

表 6-4　电容替代镇流器的日光灯电路数据表

电容/μF	总电压 U/V	U_C/V	U_A/V	电流 I/mA	功率 P/W
	220V				

五、实验报告要求

（1）完成上述数据测试，并列表记录。

（2）通过相量图说明感性负载并联电容可提高功率因数的原理。

（3）绘出总电流 $I = f(c)$ 曲线，并分析讨论。

（4）绘出总电流 $\cos\varphi = f(c)$ 曲线，并分析讨论。

（5）总结收获和体会。

（6）回答思考题。

六、思考题

（1）电容并入后，感性负载支路电流是否有变化，为什么不能用串联电容的方法提高功率因数？

（2）为什么感性负载并联电容可以提高功率因数，其物理实质是什么，负载功率因数是不是提高越高越好？

（3）如果日光灯管的一端灯丝开路，该日光灯管是否还可以使用，为什么？

七、注意事项

（1）日光灯电路是一个复杂的非线性电路，原因有二：其一是灯管在交流电压接近零时熄灭，使电流间隙中断；其二是镇流器为非线性电感。

（2）日光灯管功率（本实验中日光灯标称功率30W）及镇流器所消耗功率都随温度而变，在不同环境温度及接通电路后不同时间段，功率会有所变化。电容器在交流电路中有一定的介质损耗。

（3）日光灯启动电压随环境温度会有所改变，一般在180V左右可启动。日光灯启动时电流较大（约0.6A），工作时电流约0.37A，须注意选择仪表量限。

实验 7   RLC 串联电路的谐振

（计划学时：2 学时）

一、实验目的

（1）学会用实验方法测定 R、L、C 串联谐振电路的电压和电流以及学会绘制谐振曲线。

（2）加深理解串联谐振电路的频率特性和电路品质因数的物理意义。

二、实验仪器设备

电工电子系统实验装置。

三、实验原理与说明

在 R、L、C 串联电路中，当外加正弦交流电压的频率可变时，电路中的感抗、容抗都随着外加电源频率的改变而变化，因而电路中的电流也随着频率而变化。这些物理量随频率而变的特性绘成曲线，就是它们的频率特性曲线。

在 R、L、C 串联电路中，当 $\omega L = \dfrac{1}{\omega C}$ 时，电路中电流与电源电压同相，电容电压与电感电压大小相等，方向相反，电阻电压等于电源电压。此时称为电路发生谐振。

谐振时的频率称为谐振频率，用 ω_0 表示：

$$\omega_0 = \frac{1}{\sqrt{LC}}$$

可见，谐振频率只由电路参数 L 及 C 决定，随着频率的变化，电路的性质在 $\omega < \omega_0$ 时呈容性，在 $\omega > \omega_0$ 时呈感性。当 $\omega = \omega_0$，即在谐振点时电路出现纯阻性。

　　谐振时电容或电感上的电压与电源电压之比称为电路的品质因数，用 Q 表示：

$$Q = \frac{U_C}{U} = \frac{U_L}{U} = \frac{1}{R}\sqrt{\frac{L}{C}}$$

　　可见，品质因数 Q 只与 R、L、C 有关，与电源电压无关。品质因数 Q 与电阻 R 成反比，R 越小，品质因数 Q 越大。

　　串联电路中的谐振曲线为电流随频率的变化曲线。当电路的 L 及 C 维持不变，只改变 R 的大小时，可以作出不同 Q 值的谐振曲线，Q 值越大，曲线越尖锐，电路的选择性越好，如图7-1所示。为便于比较，曲线的纵坐标为 I/I_0。

　　图7-1 中，在这些不同 Q 值谐振曲线图上通过纵坐标 $I/I_0 = 0.707$ 处作一平行于横轴的直线，与各谐振曲线交于两点：ω_1 及 ω_2，Q 值越大，这两点之差（称为通频带）越窄，可以证明：

$$Q = \frac{\omega_0}{\omega_2 - \omega_1} = \frac{f_0}{f_2 - f_1}$$

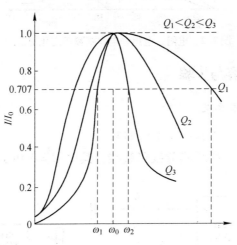

图7-1　谐振曲线

　　由于电阻电压与电流同相，通常测量电阻电压 U_R 随频率的变化曲线作为谐振曲线。

　　在品质因数大于 1 时，电容电压或电感电压要大于电源电压。

图 7-2 所示的曲线，就是电阻、电感和电容随频率而变化的曲线。曲线的横坐标为 ω，纵坐标为 U_R、U_L 或 U_C。由图 7-2 可见，当频率为 ω_C 时，电容电压 U_C 出现峰值，但峰值频率 ω_C 时小于谐振频率 ω_0。当频率为 ω_L 时，电感电压 U_L 出现峰值，但峰值频率 ω_L 大于谐振频率 ω_0。

实验中用交流毫伏表测出 U_R，是在保持 U_i 不变情况下，改变频率 f 测量对应的 U_R。

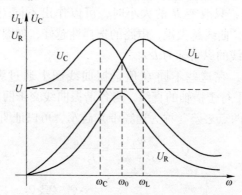

图 7-2　电阻、电感和电容随频率变化的曲线

四、实验内容与步骤

（一）基本要求

1. 寻找谐振点 f_0 并测量 U_R 曲线

按照图 7-3 所示实验线路接线：其中 $C = 0.01\,\mu F$，$R = 200\,\Omega$，$L = 30\,mH$。

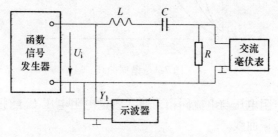

图 7-3　实验线路

　　使函数发生器输出正弦波，用示波器监视函数发生器输出的电压，使其输出电压 $U_i = 4V$（峰峰值）保持不变，改变频率（给定频率范围为 5000 ~ 15000Hz），用交流毫伏表测量对应的 U_R 电压，当 U_R 电压最大时所对应的频率即为谐振频率 f_0（注意保持 U_i 不变），数据填入表 7-1 中。

　　注意：测量时要寻找谐振点。测量 U_R 的电压时，随着频率是增加的电压逐渐增加，当 U_R 的电压由大变小时，U_R 最大时所对应的频率就是谐振频率。

　　2. 寻找 f_C 并测量 U_C 曲线

　　实验电路图如图 7-4 所示，将交流毫伏表接在电容两端，测量电容电压，测量方法和步骤与测量 U_R 时相同。（设 U_C 最高点对应的频率为 f_C）数据填入表 7-1 中。

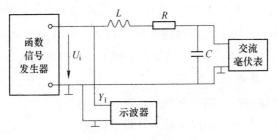

图 7-4　实验电路

　　3. 寻找 f_L 并测量 U_L 曲线

　　实验电路图如图 7-5 所示，将交流毫伏表接在电感两端，测量电感电压，测量方法和步骤与测量 U_R 时相同（设 U_L 最高点对应的

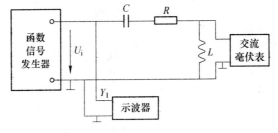

图 7-5　实验电路

频率为 f_L），数据填入表 7-1 中。

表7-1 测量 U_R 曲线、U_C 曲线、U_L 曲线数据表

$R = 200\Omega$ U_R曲线	f/Hz				f_0			
	U_R/V							
$R = 200\Omega$ U_C曲线	f/Hz				f_C			
	U_C/V							
$R = 200\Omega$ U_L曲线	f/Hz				f_L			
	U_L/V							
$R = 1k\Omega$ U_R曲线	f/Hz				f_0			
	U_R/V							

4. 改变 R，重新测量 U_R 曲线

按照图 7-3 所示实验线路接线：选 $C = 0.01\mu F$，$R = 1k\Omega$，$L = 30mH$。重新测量 U_R 曲线，测量方法同上。数据填入表 7-1 中。

（二）扩展要求

根据串联谐振电路，电压与电流同相的特点，可用李萨如图形法观察电压与电流的相位关系，寻找谐振点。

按图 7-6 接线，调节示波器的扫描开关，选择 CH_1 为 X 输入，CH_2 为 Y 输入。CH_1 测量 U_R 电压（与电流同相），CH_2 测量 U 电压。改变变频功率电源的频率，示波器将显示不同的图像。对照图 7-7 判别相位关系，找出谐振点。

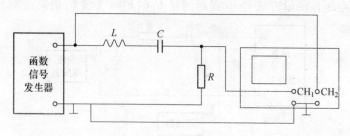

图 7-6 实验电路

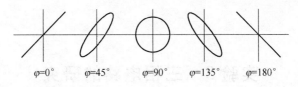

图 7-7　示波器显示结果

五、实验报告要求

（1）根据实验测量数据，在同一坐标系中绘出两种电阻时的电流谐振曲线，并且比较上述两种曲线的特点。

（2）计算对应不同电阻值的品质因数，并将实验结果与理论计算结果进行比较。

（3）在同一坐标系中绘出 $R = 200\Omega$ 时，U_R、U_C、U_L 随频率 f 变化的曲线。

（4）根据谐振曲线讨论与分析串联谐振电路的特点，包括谐振频率与理论值的差异，电路参数对谐振曲线的形状的影响，电路的 Q 值等。

六、思考题

（1）在实验中，用哪些方法能判别电路处于谐振状态？

（2）当 RLC 串联电路发生谐振时，是否有 $U_R = U_S$，线圈电压 $U_L = U_C$？分析其原因。

实验 8　三相电路的研究

（计划学时：4 学时）

一、实验目的

（1）掌握三相负载作星形连接、三角形连接的方法，验证这两种接法下线电压与相电压及线电流与相电流之间的关系。

（2）充分理解三相四线供电系统中中线的作用。

（3）掌握用一瓦特表法、二瓦特表法测量三相电路有功功率与无功功率的方法。

（4）进一步熟练掌握功率表的接线和使用方法。

二、实验仪器设备

电工电子系统实验装置。

三、实验原理与说明

1. 三相电源的相序

如图 8-1 所示电路，由一个电容器和两个相同的白炽灯连接成星型不对称电路。且无中线。它可用来测量三相电源的相序。

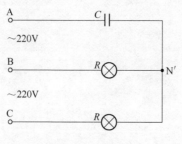

图 8-1　实验电路

图中，设 $\dot{U}_A$、$\dot{U}_B$、$\dot{U}_C$ 为三相对称电源相电压，则中性点电压为：

$$\dot{U}_{NN'} = \frac{\dfrac{\dot{U}_A}{-jX_C} + \dfrac{\dot{U}_B}{R_B} + \dfrac{\dot{U}_C}{R_C}}{\dfrac{1}{-jX_C} + \dfrac{1}{R_B} + \dfrac{1}{R_C}} = \frac{\dfrac{\dot{U}_A}{-jX_C} + \dfrac{\dot{U}_B}{R} + \dfrac{\dot{U}_C}{R}}{\dfrac{1}{-jX_C} + \dfrac{1}{R} + \dfrac{1}{R}}$$

为计算方便，设 $X_C = \dfrac{1}{\omega C} = R$，$\dot{U}_A = U\angle 0°$，则：

$$\dot{U}_{NN'} = \frac{\dfrac{\dot{U}_A}{-jX_C} + \dfrac{\dot{U}_B}{R} + \dfrac{\dot{U}_C}{R}}{\dfrac{1}{-jX_C} + \dfrac{1}{R} + \dfrac{1}{R}} = (0.2 + j0.6)U$$

$\dot{U}_{BN'} = \dot{U}_B - \dot{U}_{NN'} = (-0.3 - j1.466)U$，所以 $U_B = 1.49U$

$\dot{U}_{CN'} = \dot{U}_C - \dot{U}_{NN'} = (-0.3 - j0.266)U$，所以 $U_C = 0.4U$

可见，B 相的白炽灯比 C 相的要亮。即 A 相接电容，B 相亮，C 相暗。

2. 三相电路的连接

（1）三相负载可接成星形（又称"Y"接）或三角形（又称"△"接）。当三相对称负载作 Y 形连接时，线电压 U_L 是相电压 U_p 的 $\sqrt{3}$ 倍。线电流 I_L 等于相电流 I_p，即：

$$U_L = \sqrt{3}U_p，\quad I_L = I_p$$

在这种情况下，流过中线的电流 $I_0 = 0$，所以可以省去中线。

当对称三相负载作 △ 形连接时，有 $I_L = \sqrt{3}I_p$，$U_L = U_p$。

（2）不对称三相负载作 Y 连接时，必须采用三相四线制接法，即 Y_0 接法。而且中线必须牢固连接，以保证三相不对称负载的每相电压维持对称不变。

倘若中线断开，会导致三相负载电压的不对称，致使负载轻的那一相的相电压过高，使负载遭受损坏；负载重的一相相电压又过低，使负载不能正常工作。尤其是对于三相照明负载，须无条件地一律采用 Y_0 接法。

（3）当不对称负载作 △ 接时，$I_L \neq \sqrt{3}I_p$，但只要电源的线电压

U_L对称，加在三相负载上的电压仍是对称的，对各相负载工作没有影响。

3. 三相电路的功率

（1）测量有功功率。

对于三相四线制供电的三相星形连接的负载（即Y_0接法），可用三只功率表测量各相的有功功率P_A、P_B、P_C，则三相负载的总有功功率$\sum P = P_A + P_B + P_C$。这就是三瓦计法，如图 8-2 所示。若三相负载是对称的，则只需测量一相的

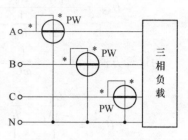

图 8-2 三瓦计法测量电路

功率，再乘以 3，即得三相总的有功功率（称为一瓦计法）。

三相三线制供电系统中，不论三相负载是否对称，也不论负载是 Y 接还是△接，都可用二瓦计法测量三相负载的总有功功率。测量线路如图 8-3 所示。若负载为感性或容性，且当相位差$\varphi > 60°$时，线路中的一只功率表指针将反偏（数字式功率表将出现负读数），这时应将功率表电流线圈的两个端子调换（不能调换电压线圈端子），其读数应记为负值。而三相总功率$\sum P = P_1 + P_2$（P_1、P_2本身不含任何意义）。

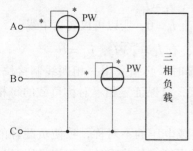

图 8-3 二瓦计法测量线路

除图 8-3 的I_A、U_{AC}与I_B、U_{BC}接法外，还有I_B、U_{AB}与I_C、U_{AC}以及I_A、U_{AB}与I_C、U_{BC}两种接法。

（2）测量无功功率。

单相交流电路的无功功率$Q = UI\sin\varphi = UI\cos(90° - \varphi)$。

如果改变接线方式，使功率表电压线圈上的电压 U 与电流线圈上的电压 I 之间的相位差为$90° - \varphi$，这时有功功率表的读数就是无功功率了。

在对称三相电路中，线电压 U_{VW} 与相电压 U_U 之间的相位差为 $90°$。也就是线电压 U_{VW} 与相电流 I_U 之间的相位差为 $90° - \varphi$。因此，如果功率表的电压线圈测量线电压 U_{VW}，电流线圈测量相电流 I_U，则功率表的读数为：

$$Q' = UI\cos(90° - \varphi) = UI\sin\varphi$$

而三相对称负载的无功功率为：

$$Q = \sqrt{3}UI\sin\varphi$$

即把功率表的读数乘以 $\sqrt{3}$ 即可。

对于三相三线制供电的三相对称负载，可用一瓦特表法测得三相负载的总无功功率 Q，测量电路如图8-4所示。图示功率表读数的 $\sqrt{3}$ 倍，即为对称三相电路总的无功功率。除了此图给出的一种连接法（I_A、U_{BC}）外，还有另外两种连接法，即接成（I_B、U_{AC}）或（I_C、U_{AB}）。

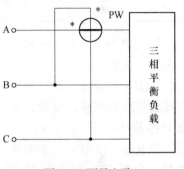

图 8-4　测量电路

四、实验内容与步骤

（一）基本要求

1. 研究负载星型连接时电压与电流的关系

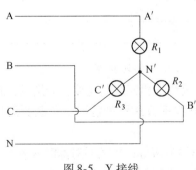

图 8-5　Y 接线

按图8-5接线，将三相电阻负载按星形接法连接，接至三相对称电源。测量有中线时负载对称和不对称的情况下，各线电压、相电压、线电流、相电流和中线电流的数值。拆除中线后，测量负载对称和不对称，各线电压、相电压、线电流、相电流的数值。观察各相灯泡的亮暗，测量负载中点与电源中点之间的电压，分析中线的作用。测量数据填入表 8-1。

表 8-1 负载星型连接时电压与电流的数据表

项 目		线电压			相电压、相（线）电流						中线电流	中点间电压
		$U_{A'B'}$	$U_{B'C'}$	$U_{C'A'}$	$U_{A'}$	$U_{B'}$	$U_{C'}$	$I_{A'}$	$I_{B'}$	$I_{C'}$		
负载对称	有中线											
	无中线											
负载不对称	有中线											
	无中线											

2. 研究负载三角形连接时电压与电流的关系

按图 8-6 接线，将三相灯板接成三角形连接，测量在负载对称及不对称时的各线电压、相电压、线电流、相电流读数，分析它们相互间的关系。测量数据填入表 8-2。

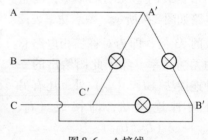

图 8-6 △接线

表 8-2 负载三角形连接时电压与电流数据表

项 目	线电压/V			相电流/A			线电流/A			线电流/相电流		
	$U_{A'B'}$	$U_{B'C'}$	$U_{C'A'}$	$I_{A'B'}$	$I_{B'C'}$	$I_{C'A'}$	$I_{A'}$	$I_{B'}$	$I_{C'}$	$I_{A'}/I_{A'B'}$	$I_{B'}/I_{B'C'}$	$I_{C'}/I_{C'A'}$
负载对称												
负载不对称												

3. 测量负载三相四线制连接时三相负载的功率

分别按图 8-7 和图 8-8 接线，负载三相四线制连接。分别用三瓦计法和二瓦计法测量负载对称和负载不对称两种情况下负载所消耗的三相有功功率。

负载对称时 A 相、B 相、C 相均为两灯；负载不对称时 A 相、B 相、C 相分别为一灯、二灯、三灯；所测数据填入表 8-3 中。

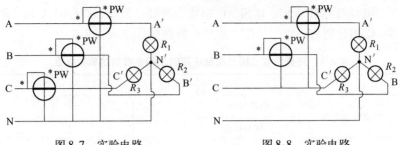

图 8-7 实验电路 　　　　　　　 图 8-8 实验电路

表 8-3　测量负载三相四线制连接时三相负载的功率数据表

项　目	三瓦计法				二瓦计法		
	P_A	P_B	P_C	P	P_1	P_2	P
负载对称							
负载不对称							

4. 测量负载三相三线制连接时三相负载的功率

分别按图 8-9 和图 8-10 接线，负载分别星型连接和三角形连接。用二瓦计法分别测量负载对称和负载不对称两种情况下负载所消耗的三相有功功率。

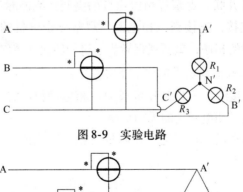

图 8-9 实验电路

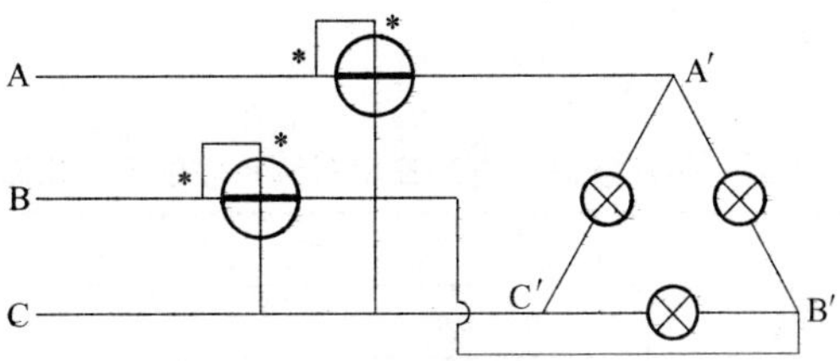

图 8-10 实验电路

负载对称时 A 相、B 相、C 相均为两灯；负载不对称时 A 相、B 相、C 相分别为一灯、二灯、三灯；所测数据填入表8-4 中。

表8-4　测量负载三相三线制连接时三相负载的功率数据表

二 瓦 计 法		P_1	P_2	P
负载星型连接	负载对称			
	负载不对称			
负载三角形连接	负载对称			
	负载不对称			

按图 8-8 和图 8-9 接线，负载分别星型连接和三角形连接。用二瓦计法分别测量负载对称和负载不对称两种情况下负载所消耗的三相有功功率。

负载对称时 A 相、B 相、C 相均为两灯；负载不对称时 A 相、B 相、C 相分别为一灯、二灯、三灯；所测数据填入表8-4 中。

（二）扩展要求

1. 测量三相电源的相序

按图 8-1 接线，电容器电容为 $1\mu F$，其余每相的白炽灯为两个 10W 的白炽灯并联。观察每相白炽灯的亮暗。判断相序。将三相异步电机星型连接，连接到三相电源，观察异步电机的转速和转向。改变三相电源的相序，重新观察异步电机的转速和转向。

2. 测量三相三线制供电的三相对称负载的无功功率

按图 8-4 接线，三相对称负载为三相电动机。将三相电动机星型连接，测量三相电动机的无功功率。

将三相电动机三角形连接，测量三相电动机的无功功率。测量数据填入表8-5。

表8-5　测量三相三线制供电的三相对称负载的无功功率数据表

项 目	Q_1	Q
负载星型连接		
负载三角形连接		

五、实验报告要求

（1）用实验测得的数据验证对称三相电路中的 $\sqrt{3}$ 关系。

（2）用实验数据和观察到的现象，总结三相四线供电系统中中线的作用。

（3）不对称三角形连接的负载，能否正常工作？实验是否能证明这一点。

（4）根据不对称负载三角形连接时的相电流值作相量图，并求出线电流值，然后与实验测得的线电流作比较，试分析之。

（5）总结心得体会及其他。

六、思考题

（1）三相负载根据什么条件做星形或三角形连接？

（2）复习三相交流电路有关内容，试分析三相星形连接不对称负载在无中线情况下，当某相负载开路或短路时会出现什么情况？如果接上中线，情况又如何？

七、注意事项

（1）本实验采用三相交流市电，线电压为 380V，应穿绝缘鞋进实验室。实验时要注意人身安全，不可触及导电部件，防止意外事故发生。

（2）每次接线完毕，同学应先自查一遍，然后由指导教师检查后，方可接通电源。必须严格遵守先断电、再接线、后通电；先断电、后拆线的实验操作原则。

（3）星形负载做短路实验时，必须首先断开中线，以免发生短路事故。

实验 9 波形变换器的设计与测试

设计性实验（计划学时：4 学时）

一、实验内容与任务

（一）基本要求

设计 RC 微分电路，给定电阻 $R = 50\Omega$。该电路满足以下要求：

（1）使频率为（1 + 学号 ×0.1）kHz 幅度为 4V（峰峰值）的方波电压，通过此电路变为尖脉冲电压（学号为从 1 号开始向后排列）。

（2）当尖脉冲的占空比小于 0.3 时，计算电容值，用示波器测量方波的幅值和频率。用示波器测量尖脉冲波形的时间常数、脉冲宽度以及幅值和频率。

（3）当尖脉冲的占空比大于 0.3 小于 0.6 时，计算电容值，用示波器测量方波的幅值和频率。用示波器测量尖脉冲波形的时间常数、脉冲宽度以及幅值和频率。

（二）扩展要求

设计 RC 积分电路，给定电容 $C = 0.1\mu F$。该电路满足以下要求：

（1）使频率为（1 + 学号 ×0.1）kHz，幅度为 5V（峰峰值）的方波电压通过此电路变为三角波电压（学号为从 1 号开始向后排列）。

（2）若使三角波的线性度小于 5%，选取电阻值。用示波器测量方波的幅值和频率。用示波器测量三角波幅值和线性度。

（3）若使三角波的线性度小于 5% 并且大于 10%，选取电阻值。用示波器测量方波的幅值和频率。用示波器测量三角波幅值和线性度。

二、实验过程及要求

（1）学习实验原理：学习一阶电路的零输入响应、零状态响应以及全响应的内容以及时间常数的测量方法。学习波形转换的条件。学习占空比的概念及其相关计算。学习线性度的概念及其计算。学习示波器的使用方法。

（2）实验方案设计：首先选择电路结构，然后根据给定条件计算出元件取值范围。选定元件数值，进行验算，与给定参数比较，如不合适，则须重新选定。

（3）利用 Multisim 仿真：将设计结果利用 Multisim 仿真观察是否与设计结果一致。如不一致，则须检查原因，修改设计。

（4）实验过程：根据设计数据到实验室完成电路连接与测试，根据实验要求，用示波器测量其数值。

（5）数据测量：根据实验要求测量的数据拟定表格，将实验数据记录表格。

（6）实验总结：对实验结果进行分析解释，总结实验的心得、体会。

三、相关知识及背景

1. 占空比的概念

占空比是指高电平在一个周期之内所占的时间比率。

如图 9-1 所示，T_S 为脉冲周期，T_W 为脉冲宽度，该脉冲宽度和周期之比称为占空比。占空比越大，即电压持续时间越长。

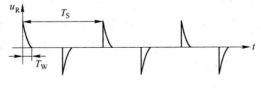

图 9-1　占空比

2. 线性度的概念

线性度表示非线性曲线接近规定直线的吻合程度。具体定义如下：

非线性曲线的纵坐标与同一横坐标下的规定直线的纵坐标之间的偏差的最大值与该规定直线的纵坐标的百分比，称为线性度（线性度又称为"非线性误差"），即：

$$\delta = \frac{y_i - y_P}{y_P} \times 100\%$$

式中，y_i 为非线性曲线的纵坐标；y_P 为规定直线的纵坐标。

显然，δ 值越小，表明线性特性越好。

本实验的曲线为指数曲线。为计算方便，近似认为在直线的 1/2 处产生的偏差为最大偏差。

四、实验目的

（1）学习用示波器观察和分析电路的响应。

（2）研究 RC 电路在方波脉冲激励情况下，响应的基本规律和特点。

（3）了解设计简单的 RC 微分电路的方法。

（4）了解设计简单的 RC 积分电路的方法。

五、实验教学与指导

1. 实验原理

一阶 RC 串联电路如图 9-2 所示，图 9-3 所示的方波为电路的激励。从时间 $t = 0$ 开始，因激励为 u_i，其电容电压为：$u_C = u_i(1 - e^{-\frac{t}{\tau}})$，为零状态响应（设电容初始电压为零）。当 $t = 0$ 时，$u_C = 0$。

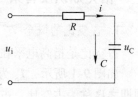

图 9-2　实验电路

当 $t = 5\tau$ 时达到稳态 $u_C = u_i$。如果电路时间常数较小，则在 $0 \sim t_1$ 响应时间范围内，电容充电可以达到稳态值 u_i。因此，在 $0 \sim t_1$ 范围内，$u_C(t)$ 为零状态响应。

从时间 $t = t_1$ 开始因激励为零，其电容电压为：$u_C = u_i e^{-\frac{t}{\tau}}$，为零输入响应。当 $t = t_1$ 时，$u_C = u_i$。当 $t = 5\tau$ 时达到稳态 $u_C = 0$。如果电路时间常数较小，电容 C 在 $t_1 \sim t_2$ 范围内放电完毕，这段时间范

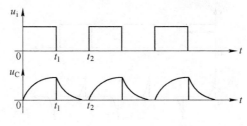

图 9-3　方波图

围内电路响应为零输入响应。第二周期重复第一周期过程。

2. 微分电路

一阶 RC 串联电路在一定条件下，可以近似构成微分电路。微分电路是一种常用的波形变换电路，它可以将方波电压转换成尖脉冲电压。如图 9-4 所示是一种最简单的微分电路。

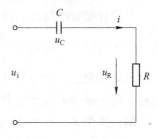

图 9-4　微分电路

对于一阶 RC 电路，认为经过 5τ 过渡过程完毕。当电路时间常数远小于输入的方波脉冲 T_0 时，则在方波电压作用的时间内，电容器暂态过程可以认为早已结束，于是暂态电流或电阻上的电压就是一个正向尖脉冲，如图 9-5 所示。在方波电压结束时，输入电压跳至零，电容器放电，放电电流在电阻上形成一个负向尖脉冲。因时间常数相同，所以正负尖脉冲波形相同。由于 $T_0 \gg RC$，所以暂态持续时间极短，电容电压波形接近输入方波脉冲，故有 $u_C(T) \approx u_i(t)$。

因为

$$i_C(t) = C\frac{\mathrm{d}u_C(t)}{\mathrm{d}t}$$

所以

$$u_R(t) = RC\frac{\mathrm{d}u_C(t)}{\mathrm{d}t} \approx RC\frac{\mathrm{d}u_i(t)}{\mathrm{d}t}$$

上式说明：输出电压 $u_R(t)$ 近似与输入电压 $u_i(t)$ 的微分成正比，因此称为微分电路。微分电路输入为方波输出为尖脉冲，脉冲

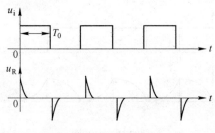

图 9-5　微分电路电压图

宽度为 5τ。

在设计微分电路时，通常应使方波电压宽度 T_0 至少大于时间常数 τ 的 5 倍以上，即：$\tau \leqslant \dfrac{T_0}{5}$（$\tau = RC$）。

设计举例：频率为 5kHz 的方波，已知 $R = 50\Omega$，设计 RC 微分电路，使尖脉冲的占空比小于 0.3。

解：周期 $T = 0.2\text{ms}$，$T_0 = 0.1\text{ms}$，$t = 5\tau$ 过渡过程完毕。即脉宽为 5τ，$\dfrac{5\tau}{0.1\text{ms}} < 0.3$，所以 $\tau < 6 \times 10^{-6}\text{s}$；因为 $R = 50\Omega$，所以 $C < 0.12\mu\text{F}$。

3. 积分电路

积分电路是另一种常用的波形变换电路，它是将方波变换成三角波的一种电路。最简单的积分电路也是一种 RC 串联分压电路，如图 9-6 所示。只是它的输出是电容两端电压 $u_C(t)$，且电路的时间常数 τ 远大于方波脉冲持续时间 T_0，如图 9-7 所示。

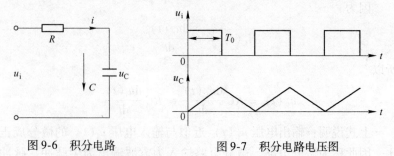

图 9-6　积分电路　　　　图 9-7　积分电路电压图

又因为输出电压 $u_C(t) = \dfrac{1}{C}\displaystyle\int i(t)\,\mathrm{d}t = \dfrac{1}{C}\displaystyle\int \dfrac{u_i(t)}{R}\,\mathrm{d}t = \dfrac{1}{RC}\displaystyle\int u_i(t)\,\mathrm{d}t$

该式说明输出电压 $u_C(t)$ 近似与输入电压 $u_i(t)$ 的积分成正比，因此称为积分电路。由于时间常数非常大，输出曲线近似为直线，所以输出为三角波。

在设计积分电路时，通常应使脉冲宽度 T_0 至少小于时间常数 τ 的 5 倍以上，即：$\tau \geqslant 5T_0$（$\tau = RC$）。

设计举例： 频率为 5kHz，幅度为 5V（峰峰值）的方波，设计 RC 积分电路，若使三角波的线性度小于 5%，选取电阻值。

解： 输出曲线方程：$u_C = u_i(1 - e^{-\frac{t}{\tau}}) = 5(1 - e^{-\frac{t}{\tau}})$。

已知：$C = 0.1\mu F$，周期 $T = 0.2\mathrm{ms}$，$T_0 = 0.1\mathrm{ms}$，

若满足要求，则应 $\tau \geqslant 5T_0 = 0.5\mathrm{ms}$，

取 $\tau = 6T_0 = 6 \times 0.1\mathrm{ms} = 0.6\mathrm{ms}$，则 $R = 6\mathrm{k}\Omega$。则输出曲线方程：$u_C = 5(1 - e^{-1666.67t})$

$t = 0.1\mathrm{ms}$ 时，$u_C = 5(1 - e^{-1666.67t}) = 5(1 - e^{-0.1667}) = 0.768\mathrm{V}$。

$t = 0.05\mathrm{ms}$ 时，$u_C = 5(1 - e^{-1666.67t}) = 5(1 - e^{-0.08333}) = 0.4\mathrm{V}$

所以 $t = 0.05\mathrm{ms}$ 时，$y_P = 0.384\mathrm{V}$，$y_i = 0.4\mathrm{V}$。

$\delta = \dfrac{y_i - y_P}{y_P} \times 100\% = \dfrac{0.4 - 0.384}{0.384} = 4.2\%$，选取。

说明：若线性度不满足设计要求，则应根据已经计算出的线性度，重新选取时间常数 τ，并计算线性度，直至线性度满足要求为止。

六、实验报告要求

（1）写出实验名称、班级、姓名、学号、同组人员等基本信息。

（2）写出实验的目的和意义。写出实验使用的设备名称及材料清单。

（3）写出根据实验内容与任务完成的实验电路的设计方案及方案论证。并写出设计过程与步骤，以及对实验电路参数进行计算与选择和对实验电路进行的仿真分析。

（4）观察并描绘微分电路的三组波形，并根据波形计算占空比。

（5）观察并描绘积分电路的三组波形，并根据波形计算线性度。

（6）写出对数据记录与处理的过程，包括实验时的原始数据、分析结果的计算以及误差分析结果等。

（7）写出对实验的自我评价。总结实验的心得、体会并提出建议。

七、思考题

（1）微分电路中电容 C 变化时，对输出脉冲幅度是否有影响，为什么？

（2）积分电路中电阻 R 变化时，对输出波形有何影响，为什么？

实验 10　晶体管共射极单管放大器的设计与测试

（计划学时：4 学时）

一、实验目的

（1）掌握单管电压放大电路的设计及调试和测试方法。

（2）掌握放大器静态工作点和负载电阻对放大器性能的影响。

（3）学习测量放大器的方法，了解共射极电路的特性。

（4）学习放大器的动态性能。

二、实验仪器设备

电工电子系统实验装置，双踪示波器，万用表。

三、实验原理与说明

图 10-1 为电阻分压式工作点稳定单管放大器电路图，它的偏置电路采用 R_{b1} 和 R_{b2} 组成分压电路，并在发射极中接有 R_e，以稳定放

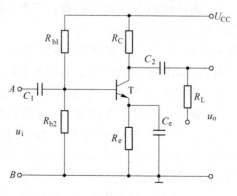

图 10-1　单管放大器电路

大器的静态工作点。当在放大器的输入端加入输入信号 u_i 后，在放大器的输入端便可得到一个与 u_i 相位相反、幅值被放大了的输出信号 u_o，从而实现了电压放大。

1. 放大器静态工作点的估算、测量与调试

（1）放大器静态工作点的估算。

$$V_B = \frac{R_{b2}}{R_{b1} + R_{b2}} U_{CC}, \quad I_C \approx I_E = \frac{V_B - U_{BE}}{R_E}, \quad I_B = \frac{I_C}{\beta}$$

对于硅管 $U_{BE} = 0.7V$，$U_{CE} \approx U_{CC} - I_C(R_C + R_E)$。

（2）放大器静态工作点的测量。

测量放大器的静态工作点，是在输入端不加入信号的情况下，用万用表的直流电压挡，分别测量晶体管的各极对地电位 V_B、V_C 和 V_E。为了避免断开集电极测量集电极电流 I_C，采用 $I_C \approx I_E = \dfrac{V_E}{R_E}$ 算出

I_C，也可根据 $I_C \approx I_E = \dfrac{U_{CC} - V_C}{R_C}$ 确定 I_C。同时也能算出 $U_{BE} = V_B -$

V_E，$U_{CE} = V_C - V_E$。

（3）放大器静态工作点的调试。

放大器静态工作点的调试是指对晶体管集电极电流 I_C（或 U_{CE}）的调整与测试。改变电路参数 U_{CC}、R_C、R_B（R_{b1}、R_{b2}）都会引起静态工作点的变化，通常多采用调节偏置电阻 R_{b1} 的方法来改变静态工作点。如减小 R_{b1}，则可使静态工作点提高；反之，静态工作点降低。一般将静态工作点调到放大器的中间。

将一电压较小的正弦交流信号加到放大电路中的 A、B 两点，作为输入信号 u_i，观察输出电压 u_o 的波形，若放大器的输出波形的顶部被压缩，这种现象称为截止失真，说明静态工作点偏低，应增大基极电流 I_{BQ}。如果输出波形的底部被削去，这种现象称为饱和失真，说明工作点偏高，应减小基极电流 I_{BQ}。为了得到最大动态范围，应将静态工作点调在交流负载线的中点为此在放大器正常工作条件下，逐步增大输入信号的幅度，并同时调节静态工作点，用示波器观察输出电压 u_o 的波形，当输出电压 u_o 的波形同时出现削底和削顶现象时，说明静态工作点已调在交流负载线的中点。此时去掉

信号源，用万用表的直流电压挡测量放大器的静态工作点。

2. 放大器动态指标测试

放大器的动态指标包括电压放大倍数、输入电阻、输出电阻、放大器的上、下限频率等。

（1）电压放大倍数 A_u 的测量。

调整放大器到合适的静态工作点，然后加入输入电压 u_i，在输出电压 u_o 的波形不失真的情况下，用示波器测出 u_i 和 u_o 的峰峰值 U_{iP-P}、U_{oP-P}，则：$A_u = \dfrac{U_{oP-P}}{U_{iP-P}}$，理论计算式为：$A_u = -\dfrac{\beta R'_L}{r_{be}}$，其中 $R'_L = \dfrac{R_C R_L}{R_C + R_L}$

（2）输入电阻 R_i 的测量。

如图 10-2 为了测量放大器的输入电阻，在放大器的输入端 AB 之间串入一已知电阻 R，在放大器正常工作的情况下，用示波器测出 u_i 和 u_b 的峰峰值 U_{iP-P}、U_{bP-P}，则输入电阻可计算为：

$$R_i = \frac{U_i}{I_i} = \frac{U_{iP-P}}{U_{bP-P} - U_{iP-P}} R$$

输入电阻的理论计算式为：$R_i = r_{be} // R_{B1} // R_{B2}$

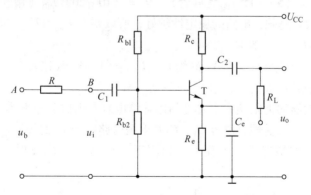

图 10-2　串接电阻后的放大器电路

（3）输出电阻 R_0 的测量。

如图 10-2 所示，在放大器正常工作波形不失真的情况下，在空载时，用示波器测出 u_o 的峰峰值 U_{oP-P}，在输出端接负载电阻 R_L 时，用示波器测出 u_o 的峰峰值 U_{oLP-P}，则输出电阻可计算为：$R_o = \left(\dfrac{U_{oP-P}}{U_{oLP-P}} - 1 \right) R_L$。

在测试中应注意，必须保持 R_L 接入前后输入信号的大小不变。

输出电阻的理论计算式为：$R_o = R_C$。

（4）放大器上、下限频率 f_H、f_L 的测量。

首先将正弦波信号发生器输出 1kHz 加入到放大器输入端（AB）调节静态工作点及信号发生器输出电压，使放大器最大不失真。记录此时输出电压 u_{oM}，保持输入电压 u_i 不变逐渐增加频率，当输出电压值等于 0.707 倍的 u_{oM} 时，此时正弦波信号发生器的频率值就是上线 f_H 频率。方法同上，保持输入电压 u_i 不变逐渐减小频率，当输出电压值等于 0.707 倍的 u_{oM} 时，此时正弦波信号发生器的频率值就是下线 f_L 频率。

3、晶体管共射极单管放大器的设计

电阻分压式工作点稳定单管放大器电路，只有当 R_{b1} 电流 $I_1 \gg I_{BQ}$ 时，才能保证 U_{BQ} 恒定。这是工作点稳定的必要条件，一般取：

$$I_1 = (5 \sim 10) I_{BQ}（硅管） \qquad I_1 = (10 \sim 20) I_{BQ}（锗管）$$

负反馈越强，电路的稳定性越好，所以要求 $U_{BQ} \gg U_{BE}$，即 $U_{BQ} = (5 \sim 10) U_{BE}$。一般取：

$$U_{BQ} = (3 \sim 5)V（硅管） \qquad U_{BQ} = (1 \sim 3)V（锗管）$$

三极管放大倍数，通常要求：$\beta > A_V$。

放大器的上限频率主要受晶体管结电容及电路分布电容的限制，下限频率主要受耦合电容 C_1、C_2 及射极旁路电容 C_E 的控制。在下限频率已知的情况下，工程上，利用下式估算 C_1、C_2 及射极旁路电容 C_E：

$$C_1 \geqslant (3 \sim 10) \frac{1}{2\pi f_L (R_S + r_{be})} , \quad C_2 \geqslant (3 \sim 10) \frac{1}{2\pi f_L (R_C + R_L)}$$

$$C_E \geqslant (1 \sim 3) \frac{1}{2\pi f_L \left(R_E // \dfrac{R_S + r_{be}}{1 + \beta} \right)}$$

四、实验内容与步骤

（一）基本要求（晶体管共射极单管放大器的测试）

1. 测量静态工作点

（1）按图10-3电路接线，接线完毕，检查无误后，先将 R_W 调至最大，接上 +12V 直流电源。

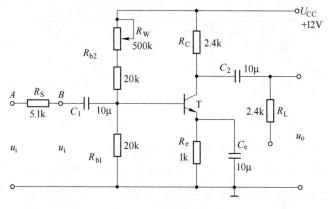

图10-3 实验电路

（2）静态调整与测量。合适的静态工作点应使 U_{CE} = （1/3 ~ 1/2）U_{CC}，令 u_i = 0（将 B 端与地短路），为简单起见，调节 R_W 使 I_C = 2mA（即 U_E = 2V）（用万用表直流电压挡测量）。调整完合适的静态工作点之后，用万用表的直流电压挡测量静态工作点，测量数据填入表 10-1 中。断开电源和 R_{b2} 电阻，用万用表的电阻挡测量 R_{b2}，测量结果填入表 10-1 中。

表10-1 测量静态工作点数据表

测 量 值				计 算 值		
U_B	U_E	U_C	R_{b2}	U_{BE}	U_{CE}	I_C

2. 电压放大倍数的估算与测试

使正弦交流信号输出频率为 1000Hz，然后加到放大电路中的 A

端与地两点，用交流毫伏表测量输入信号 u_i（B 端与地），使 $u_i =$ 10mV（因输出值较小，所以为了便于调节，置函数波发生器中"衰减"按钮为按下状态），示波器观察输入电压 u_i 和输出电压 u_o 的波形，在波形不失真的条件下用交流毫伏表测量表 10-2 所列三种情况下的 u_o 值，用示波器同时观察 u_i 和 u_o 的波形及相位关系，测量数据填入表 10-2 中。

表 10-2　测量电压放大倍数数据表

R_C	R_L	u_o	A_V	观察记录一组 u_i 和 u_o 的波形
2.4k	∞			
1.2k	∞			
2.4k	2.4k			

3. 观察静态工作点对电压放大倍数的影响

使 $R_C = 2.4\text{k}\Omega$，$R_L = \infty$，将调好的 10mV、1000Hz 的正弦交流信号加到放大电路中的 A 与地两点，用交流毫伏表测量输入信号 u_i（B 端与地），使 $u_i = 10\text{mV}$（因输出值较小，为了便于调节，置函数波发生器中"衰减"按钮为按下状态），示波器观察输入电压 u_i 和输出电压 u_o 的波形。在 u_o 不失真的条件下，调节 R_W（调节静态工作点），测量与 R_W 对应的 I_C 和 u_o 的数值，测量数据填入表 10-3 中。

表 10-3　静态工作点对电压放大倍数的影响数据表

I_C/mA			2			
u_o/V						
A_V						

说明：测量前要使 $u_i = 0$（将 B 端与地短路）。测量 I_C 时，可用万用表直流电压挡测量 R_C 两端电压再除以 R_C。测量 u_o 时，要用交流毫伏表。

4. 观察静态工作点对输出波形失真的影响

使 $R_C = 2.4\text{k}\Omega$，$R_L = 2.4\text{k}\Omega$，调节 R_W 使 $I_C = 2\text{mA}$（即 $V_E = 2\text{V}$）

（用万用表直流电压挡测量）。将调好的 10mV、1000Hz 的正弦交流信号加到放大电路中的 A 与地两点，用交流毫伏表测量输入信号 u_i（B 端与地），使 $u_i = 10\text{mV}$（因输出值较小，为了便于调节，置函数波发生器中"衰减"按钮为按下状态），示波器观察输入电压 u_i 和输出电压 u_o 的波形。逐步增大输入信号的幅度，在使输出电压 u_o 足够大但不失真的条件下，保持输入信号不变，分别加大和减小 R_W（调节静态工作点），使波形出现失真，绘出测量 u_o 的波形，并测出与 R_W 对应的 I_C 和 U_{CE} 的数值，测量数据填入表 10-4 中。

表 10-4　静态工作点对输出波形失真的影响数据表

I_C/mA	U_{CE}/V	u_o 波形	失真情况	三极管工作状态
2				

5. 测量输入电阻和输出电阻

使 $R_C = 2.4\text{k}\Omega$，$R_L = 2.4\text{k}\Omega$，调节 R_W 使 $I_C = 2\text{mA}$（即 $U_E = 2\text{V}$）（用万用表直流电压挡测量）。将调好的 10mV、1000Hz 的正弦交流信号加到放大电路中的 A 与地两点，用交流毫伏表测量输入信号 u_i（B 端与地），使 $u_i = 10\text{mV}$（因输出值较小，为了便于调节，置函数波发生器中"衰减"按钮为按下状态），用交流毫伏表测量输入信号电压 u_S（A 端与地）、空载（R_L 断开）时输出电压 u_o 和有载（$R_L = 2.4\text{k}\Omega$）时输出电压 u_L，测量数据填入表 10-5 中。

表 10-5   测量输入电阻和输出电阻数据表

u_S	u_i	R_i		u_L	u_o	R_o	
		测量值	计算值			测量值	计算值

6. 测量最大不失真电压

使 $R_C = 2.4\text{k}\Omega$，$R_L = 2.4\text{k}\Omega$，调节 R_W 使 $I_C = 2\text{mA}$（即 $V_E = 2\text{V}$）（用万用表直流电压挡测量）。将调好的 10mV、1000Hz 的正弦交流信号加到放大电路中的 A 与地两点，用交流毫伏表测量输入信号 u_i（B 端与地），使 $u_i = 10\text{mV}$（因输出值较小，为了便于调节，置函数波发生器中"衰减"按钮为按下状态），示波器观察输入电压 u_i 和输出电压 u_o 的波形。逐步增大输入信号的幅度，同时调节 R_W，当输出电压 u_o 的波形同时出现削底和削顶现象时，说明静态工作点已调在交流负载线的中点。此时使输出波形最大而且不失真的电压就是最大不失真电压。用示波器和交流毫伏表测量 u_{OPP} 及 u_o，测量数据填入表 10-6 中。

表 10-6   测量最大不失真电压数据表

I_C/mA	u_{im}/mV	u_o	u_{OPP}

（二）扩展要求（晶体管共射极单管放大器的设计）

根据下列已知条件设计一个晶体管共射极单管放大电路：

（1）已知条件：电源电压 $U_{CC} = 12\text{V}$，负载电阻 $R_L = 3\text{k}\Omega$，输入电压 $u_i = 10\text{mV}$，输入电源内阻 $R_S = 600\Omega$，频率范围 $\Delta f = 100\text{Hz} \sim 100\text{kHz}$。

（2）放大倍数：$A_V > 40$。

（3）输入电阻：$R_i > 1\text{k}\Omega$。

（4）输出电阻：$R_o < 3\text{k}\Omega$。

五、实验报告要求

（1）列出所观测和计算的结果（数据、波形），并对这些结果从理论上加以分析（例如这些测量的数据是否符合理论；又如由于静态工作点的不适当而产生的失真，其波形与理论是否符合等）。

（2）本次实验使用了全部电子仪器（万用表、示波器、毫伏表），你对它们的作用、方法是否掌握，有何体会？

（3）注明你所完成的实验目的、实验仪器、实验原理、实验内容、实验数据波形和思考题，并简述相应的基本结论。

六、思考题

（1）交流放大器在小信号下工作时，电压放大倍数决定于哪些因素？为什么加上负载后，放大倍数会变化，变化与什么有关？

（2）为什么必须设置合适的静态工作点？

（3）如何调整交流放大器的静态工作点，它在哪一点为好（即 V_{CE} 值应是多大才合适）？

（4）尽管静态工作点合适，但输入信号过大，放大器将产生何种失真？

实验 11　集成运算放大器的分析与设计

（计划学时：4 学时）

一、实验目的

（1）学习集成运算放大器的正确使用方法。

（2）研究由集成运算放大器组成的各种运算电路的功能。

（3）了解运算放大器在实际应用时应考虑的一些问题。

（4）理解在放大电路中引入负反馈的方法和负反馈对放大电路各项性能指标的影响。

二、实验仪器设备

电工电子系统实验装置，双踪示波器，万用表。

三、实验原理与说明

集成运算放大器是一种具有高电压放大倍数的直接耦合多级放大电路。当外部接入不同的线性或非线性元器件组成输入和负反馈电路时，可以灵活地实现各种特定的函数关系。在线性应用方面，可组成比例、加法、减法、积分、微分、对数等模拟运算电路。

1. 理想运算放大器特性

在大多数情况下，将运放视为理想运放，就是将运放的各项技术指标理想化，满足下列条件的运算放大器称为理想运放：

开环电压增益：$A_{ud} = \infty$，输入阻抗：$r_i = \infty$，

输出阻抗：$r_o = 0$，带宽：$f_{BW} = \infty$，失调与漂移均为零，等。

理想运放在线性应用时的两个重要特性：

（1）输出电压 u_o 与输入电压之间满足关系式：

$$u_o = A_{ud}(U_+ - U_-)$$

由于 $A_{ud} = \infty$，而 u_o 为有限值，因此，$U_+ - U_- \approx 0$。即 $U_+ \approx$

U_-，称为"虚短"。

（2）由于 $r_i = \infty$，故流进运放两个输入端的电流可视为零，即 $I_{IB} = 0$，称为"虚断"。这说明运放对其前级吸取电流极小。

上述两个特性是分析理想运放应用电路的基本原则，可简化运放电路的计算。

本实验采用的运放型号为 μA741，其引脚排列如图 11-1 所示。

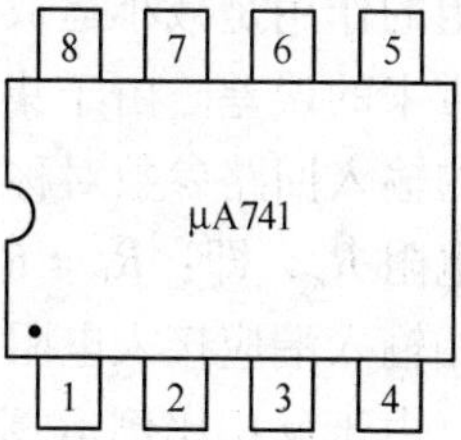

图 11-1　μA741 引脚

1，5—外接调零电位器的两个端子；2—反相输入端；3—同相输入端；4—负电源；6—输出端；7—正电源；8—空脚

2. 基本运算电路

（1）反相比例运算电路。

反相比例运算电路如图 11-2 所示。对于理想运放，该电路的输出电压与输入电压之间的关系为：

$$u_o = -\frac{R_F}{R_1}u_i$$

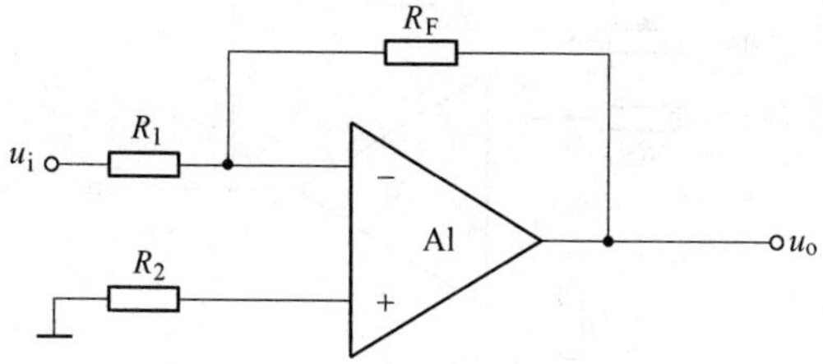

图 11-2　反相比例运算电路

由上式可知，改变电阻 R_F 和 R_1 的比值，就改变了运算放大器的闭环增益 A_{Vf}。在选择电路参数时，应考虑：

1）根据增益，确定 R_F 与 R_1 的比值，因为 $A_{Vf} = -\dfrac{R_F}{R_1}$，所以，在具体确定 R_F 和 R_1 的比值时应考虑：若 R_F 太大，则 R_1 亦大，这样容易引起较大失调温漂；若 R_F 太小，则 R_1 亦小，可能满足不了高输入阻抗的要求。故一般取 R_F 为几十千欧至几百千欧。

若对放大器输入电阻有要求，则可根据 $R_i = R_1$，先确定 R_1，再求 R_F。

2）运算放大器同相输入端外接电阻 R_2（称为平衡电阻），平衡电阻的作用是减小运放输入偏置电流在电阻上形成的静态输入电压所带来的误差。由于集成运放的输入端为差动输入，为了使集成运放的输入回路参数对称，同相端的输入电阻 R_P 应当等于反相端的输入电阻 R_n，即：$R_P = R_n$；而反相端的输入电阻 $R_n = R_1 // R_F$。所以，同相输入端应接入电阻：$R_P = R_2 = R_1 // R_F$。

由于反相比例运算电路属于电压并联负反馈，其输入、输出阻抗均较低。

（2）反相比例求和运算电路。

反相比例求和运算电路如图 11-3 所示，运用"虚短"和"虚断"的概念，可得：$\dfrac{0 - u_o}{R_f} \approx \dfrac{u_{i1}}{R_1} + \dfrac{u_{i2}}{R_2}$。由此推出其输出电压为：

$$u_o = -\left(\frac{R_f}{R_1} u_{i1} + \frac{R_f}{R_2} u_{i2} \right)。$$

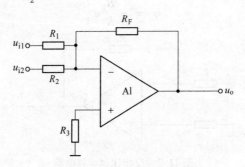

图 11-3　反相比例求和运算电路

反相端的输入电阻 $R_n = R_1 // R_2 // R_F$，所以同相输入端应接入电阻：

$$R_n = R_3 = R_1 // R_2 // R_F。$$

当 $R_1 = R_2 = R$ 时，$u_o = -\dfrac{R_f}{R}(u_{i1} + u_{i2})$。

当 $R_1 = R_2 = R_F$ 时，$u_o = -(u_{i1} + u_{i2})$。

（3）同相比例运算电路。

图 11-4 为同相比例运算电路，由图中电路可知：$u_- - u_o = R_F I_F$。

根据"虚断"的概念，可得：$u_- - u_o = R_F \dfrac{0 - u_-}{R_1}$。根据"虚短"的概念，可得：$u_i - u_o = R_F \dfrac{0 - u_i}{R_1}$。由此推出输出电压与输入电压之间的关系为：

$$u_o = \left(1 + \frac{R_F}{R_2}\right)u_i \text{。}$$

反相端的输入电阻 $R_n = R_1 /\!/ R_F$，所以同相输入端应接入电阻：$R_n = R_2 = R_1 /\!/ R_F$。

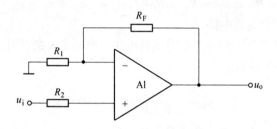

图 11-4　同相比例运算电路

（4）电压跟随器。

图 11-5 为电压跟随器电路，在图 11-4 中，当 $R_1 \to \infty$ 时，$u_o = u_i$，即得到电压跟随器。图中 $R_2 = R_F$，用以减小漂移和起保护作用。一般 R_F 取 $10k\Omega$，R_F 太小起不到保护作用，太大则影响跟随性。

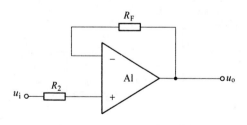

图 11-5　电压跟随器

（5）加减运算电路。

图 11-6 为加减运算电路，设 $R_P = R_n$，运用叠加定理，设 $u_{i1} = 0$，

$u_{i2} = 0$。则电路为同相求和运算电路。其输出电压为：$u'_o = R_F$ $\left(\dfrac{u_{i3}}{R_3} + \dfrac{u_{i4}}{R_4}\right)$。设 $u_{i3} = 0$，$u_{i4} = 0$。则电路为反相求和运算电路。其输出

电压为：$u''_o = -\left(\dfrac{R_F}{R_1}u_{i1} + \dfrac{R_F}{R_2}u_{i2}\right)$，则 $u_o = u'_o + u''_o = \left(\dfrac{R_F}{R_3}u_{i3} + \dfrac{R_F}{R_4}u_{i4}\right) -$ $\left(\dfrac{R_F}{R_1}u_{i1} + \dfrac{R_F}{R_2}u_{i2}\right)$

当 $R_1 = R_2 = R_3 = R_4 = R$ 时，$u_o = \dfrac{R_F}{R}(u_{i3} + u_{i4} - u_{i1} - u_{i2})$。

当 $R_1 = R_2 = R_3 = R_4 = R_F$ 时，$u_o = (u_{i3} + u_{i4} - u_{i1} - u_{i2})$。

（6）积分运算电路。

如图 11-7 所示电路为积分运算电路，当开关 K 断开时，其输出与输入之间的关系为：

$$u_o = -\frac{1}{R_1 C}\int_0^t u_i \mathrm{d}t + u_C(0)$$

式中，$u_C(0)$ 为 $t = 0$ 电容 C 的电压。如果 $u_i(t)$ 为幅值为 E 的阶跃电压，并设 $u_C(0) = 0$，则：$u_o = -\dfrac{1}{R_1 C}\int_0^t E\mathrm{d}t = -\dfrac{E}{R_1 C}t$。输出电压 $u_C(t)$ 随时间增长而线性下降。显然 $R_1 C$ 的数值越大，达到给定的 u_o 值所需时间就越长。积分输出电压所能达到的最大值受集成运放最大输出范围的限制。

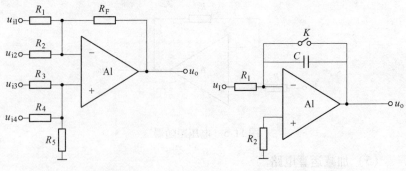

图 11-6　加减运算电路　　　　图 11-7　积分运算电路

四、实验内容与步骤

（一）基本要求（集成运算放大器的分析）

1. 反相比例运算电路

（1）按图 11-8 在实验电路板上接线，接通 ±12V 电源，输入端对地短路，进行调零和消振。

（2）输入 $f = 1000\text{Hz}$，$u_i = 0.5\text{V}$ 的交流信号，测量相应的 u_o，并用示波器观察并测量 u_i 和 u_o 的相位关系，测量数据填入表 11-1 中。

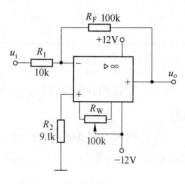

图 11-8　反相比例运算电路

表 11-1　测量反相比例运算电路数据表

u_i/V	u_o/V	u_i 波形	u_o 波形	A_V	
				实测值	计算值
		u_i ⭡ ⟶ t	u_o ⭡ ⟶ t		

2. 同相比例运算电路

（1）按图 11-9 在实验电路板上接线，接通 ±12V 电源，输入端对地短路，进行调零和消振。

（2）输入 $f = 1000\text{Hz}$，$u_i = 0.5\text{V}$ 的交流信号，测量相应的 u_o，并用示波器观察并测量 u_i 和 u_o 的相位关系，测量数据填入表 11-2 中。

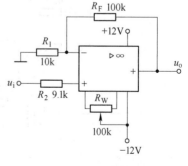

图 11-9　同相比例运算电路

表 11-2　测量同相比例运算电路数据表

u_i/V	u_o/V	u_i 波形	u_o 波形	A_V	
				实测值	计算值

3. 电压跟随器

（1）在同相比例运算电路中将电阻 R_1 断开，即为电压跟随器电路。

（2）输入 $f = 1000\text{Hz}$，$u_i = 0.5\text{V}$ 的交流信号，测量相应的 u_o，并用示波器观察并测量 u_i 和 u_o 的相位关系，测量数据填入表 11-3 中。

表 11-3　测量电压跟随器电路数据表

u_i/V	u_o/V	u_i 波形	u_o 波形	A_V	
				实测值	计算值

4. 反相比例求和运算电路

（1）按图 11-10 在实验电路板上接线，接通 ±12V 电源，输入端对地短路，进行调零和消振。

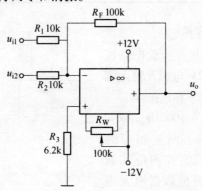

图 11-10　反相比例求和运算电路

（2）输入信号采用直流信号源，利用图 11-11 组成简易可调直流信号源。按照表 11-4 给定输入电压，测量对应的输出电压，测量数据填入表 11-4 中。

5. 减法运算电路

（1）按图 11-12 在实验电路板上接线，接通 ± 12V 电源，输入端对地短路，进行调零和消振。

（2）输入信号采用直流信号源，利用图 11-11 组成简易可调直流信号源。按照表 11-5 给定输入电压，测量对应的输出电压，测量数据填入表 11-5 中。

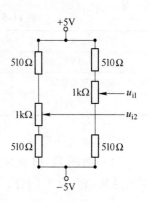

图 11-11 简易可调直流信号源

表 11-4 测量反相比例求和运算电路数据表

u_{i1}/V	+4	-4	+0.5	-0.5	-3
u_{i2}/V	-3.2	+0.2	+0.4	-0.4	+2
u_o/V 理论估算					
u_o/V 实测值					

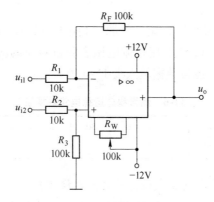

图 11-12 加减运算电路

表 11-5 测量减法运算电路数据表

u_{i1}/V	1	2	0.2
u_{i2}/V	0.5	1.8	-0.2
u_o/V 理论估算			
u_o/V 实测值			

6. 积分运算电路

（1）按图 11-13 在实验电路板上接线，接通 ±12V 电源，输入端对地短路并且 K 闭合，进行调零和消振。

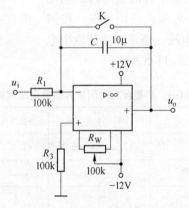

图 11-13　积分运算电路

（2）输入信号采用直流信号源，利用图 11-11 组成简易可调直流信号源。使 $u_i = 0.5V$，用直流电压表测量对应的输出电压 u_o，每隔 10s 测量一次，测量数据填入表 11-6 中。

表 11-6 测量积分运算电路数据表

T/s	0	10	20	30	40	50	60	70
u_o/V	0							

（二）扩展要求（集成运算放大器的设计）

（1）利用集成运放 μA741 设计一单电源供电的交流放大器，要求电压放大倍数 $A_V = 10$，输入电阻 $R_i > 10k\Omega$，带宽 50Hz ~ 50kHz。

简述设计过程，安装并测试电路结果。

（2）利用双集成运放 LM358 设计一信号极性变换电路，将输入 −5 ~ +5V 的双极性信号，变换为 0 ~ +5V 的单极性信号。要求写出设计过程，画出设计电路图，安装并测试结果。

五、实验报告要求

（1）总结本实验中 7 种运算电路的特点及性能。

（2）整理实验数据，算出理论的 u_o 值，并将两者相比较，分析理论计算与实验结果误差的大小及其产生的原因。

（3）注明你所完成的实验目的、实验仪器、实验原理、实验内容、实验数据和思考题，并简述相应的基本结论。

六、思考题

（1）有哪些基本运算电路，怎样分析运算电路的运算关系？

（2）了解"虚短"和"虚断"的概念和特点。

（3）为什么运算电路中集成运放必须工作在线性区？

（4）电压跟随器为什么在电子电路中经常被采用？

实验 12　基本逻辑门电路

（计划学时：2 学时）

一、实验目的

（1）掌握 TTL 与门、或非门和异或门输入与输出之间的逻辑关系。

（2）掌握对集成门电路引脚的判定及使用方法。

二、实验设备与器件

电工电子系统实验装置，74LS00、74LS02、74LS86 各一片。

三、实验原理与说明

1. 正逻辑和负逻辑的概念

在数字电路中，逻辑"1"与逻辑"0"可表示两种不同电平取值，根据实际取值的不同，有正、负逻辑之分。正逻辑中，高电平用逻辑"1"表示，低电平用逻辑"0"表示；负逻辑中，高电平用逻辑"0"表示，低电平用逻辑"1"表示。

2. 门电路的基本功能

数字电路中的四种基本操作为与、或、非及触发器操作，前三种为组合电路，后一种为时序电路。与非、或非和异或的操作仍然是与、或、非的基本操作。与、或、非、与非、或非和异或等基本逻辑门电路为常用的门电路。它们的逻辑符号和逻辑表达式见表12-1。

3. 数值集成电路的引脚识别

集成电路的每一个引脚各对应一个脚码，每个脚码所表示的阿拉伯数字是该集成电路的引脚排列次序。每个双列直插式集成电路

表12-1 常见门电路逻辑符号和逻辑表达式

逻辑符号	逻辑功能	逻辑符号	逻辑功能
A、B — $\&$ — Y	$Y = AB$ 与	A、B — ≥ 1 ○— Y	$Y = \overline{A + B}$ 或非
A、B — $\&$ ○— Y	$Y = \overline{AB}$ 与非	A — 1 ○— D_1	$Y = \overline{A}$ 非
A、B — ≥ 1 — Y	$Y = A + B$ 或	A、B — $=1$ ○— Y	$Y = A \oplus B$ 异或

都有定位标志，定位标志有半圆和圆点两种形式。将定位标志放在左侧，左下第1脚为1脚，其他引脚的排列次序及脚码按逆时针方向依次加1递增。

4. 故障排除方法

在门电路组成的组合电路中，若输入一组固定不变的逻辑状态，则电路的输出端应按照电路的逻辑关系输出一组正确结果。若存在输出状态与理论值不符的情况，则必须进行查找并排除，方法如下：

首先用万用表（直流电压挡）测所使用的集成电路的工作电压，确定工作电压是否为正常的电源电压（TTL集成电路的工作电压为5V，实验中4.75~5.25V也算正常）。工作电压正常后，再进行下一步工作。

根据电路输入变量的个数，给定一组固定不变的输入状态，用所学的知识正确判断此时该电路的输出状态，并用万用表逐一测量输入、输出各点的电压。逻辑"1"或逻辑"0"的电平必须在规定的逻辑电平范围内才算正确，如果不符，则可判断故障所在。实验室规定TTL逻辑"1"电平为3.4~3.5V，逻辑"0"电平为0~0.3V。通常出现的故障有集成电路无工作电压，连线接错位置，连接短路、断路等。

5. TTL集成电路的使用注意事项

（1）了解插集成块时，认清标志位，不允许插错。

（2）工作电压5V，电源极性绝对不允许反接。

（3）闲置输入端的处理。

1）悬空。相当于正逻辑"1"，TTL 门电路的闲置端允许悬空处理。中规模以上集成电路和 CMOS 电路不允许悬空。

2）根据对输入闲置端的状态要求，可以在 U_{CC} 与闲置端之间串入一个 $1 \sim 10k\Omega$ 电阻或直接接 U_{CC}。此时相当于接逻辑"1"。也可以直接接地，此时相当于接逻辑"0"。

四、实验内容与步骤

（一）基本要求（集成运算放大器的分析）

1. 测试二输入四与非门 74LS00 一个与非门的输入和输出之间的逻辑关系

（1）将 74LS00 芯片的 7 脚接地，14 脚解电源（+5V）。

（2）查手册选择一个与非门，按图
12-1 接线，将实验台的电平开关 K_1、K_2
输出连接与非门的输入端，将与非门的输
出端连接实验台的电平指示灯 D_1。

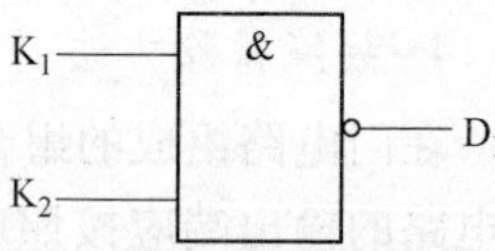

图 12-1　实验接线图

（3）按照表 12-2 的真值表的输入给定
电平拨动开关改变 K_1、K_2 的电平，观察指示灯 D_1 的电平变化，将数据填入表 1-1 中。

表 12-2　测试 74LS00 真值表

输　入		输　出
K_2	K_1	D_1
0	0	
0	1	
1	0	
1	1	

2. 测试二输入四或非门 74LS02 一个或非门的输入和输出之间的
逻辑关系

（1）将 74LS02 芯片的 7 脚接地，14 脚解电源（+5V）。

（2）查手册选择一个或非门，按图 12-2 接线，将实验台的电平

开关 K_1、K_2 输出连接与非门的输入端，将与非门的输出端连接实验台的电平指示灯 D_1。

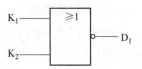

图 12-2　实验接线图

（3）按照表 12-3 的真值表的输入给定电平，拨动开关改变 K_1、K_2 的电平，观察指示灯 D_1 的电平变化，将数据填入表 12-3 中。

表 12-3　测试 74LS02 真值表

输　入		输　出
K_2	K_1	D_1
0	0	
0	1	
1	0	
1	1	

3. 测试二输入四异或门 74LS86 一个异或门的输入和输出之间的逻辑关系

（1）将 74LS86 芯片的 7 脚接地，14 脚解电源（+5V）。

（2）查手册选择一个异或门，按图 12-3 接线，将实验台的电平开关 K_1、K_2 输出连接与非门的输入端，将与非门的输出端连接实验台的电平指示灯 D_1。

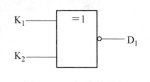

图 12-3　实验接线图

（3）按照表 12-4 的真值表的输入给定电平，拨动开关改变 K_1、K_2 的电平，观察指示灯 D_1 的电平变化，将数据填入表 12-4 中。

表 12-4　测试 74LS86 真值表

输　入		输　出
K_2	K_1	D_1
0	0	
0	1	
1	0	
1	1	

（二）扩展要求

如何用 74LS00 四个与非门中的一个与非门实现非门的功能，如何用 74LS02 中的一个或非门实现非门功能，如何用 74LS86 中的一个异或门实现非门功能。画原理图，通过实验验证结果。

五、实验报告要求

（1）完成实验测量数据的真值表，比较理论值与实验测得结果是否一致，给出实验结论。

（2）认真思考扩展实验的要求，画出实验电路图，说明实验方法，用真值表记录实验数据，给出实验结论。

（3）注明你所完成的实验目的、实验仪器、实验原理、实验内容、实验数据和思考题，并简述相应的基本结论。

六、思考题

（1）什么是正逻辑和负逻辑？

（2）功能验证中出现错误结果，需要排除故障，检查步骤有哪些？

实验 13　组合逻辑电路的设计与测试

（计划学时：4 学时）

一、实验内容与任务

（一）基本要求（组合逻辑电路的测试）

1. 完成图 13-1 实验电路

（1）查手册选择具有图 13-1 功能的集成芯片。

（2）连接芯片的电源和地，使芯片能够工作。

（3）按图 13-1 连接实验电路图。输入端 A、B 接逻辑开关，输出端 F_1、F_2 接 LED 显示器（注意要串联限流电阻 4.7k），按表 13-1 输入 A、B 的状态，观察输出端 F_1、F_2，结果填入表中。写出 F_1、F_2 的逻辑表达式，将运算结果与实验比较，并分析电路的逻辑功能。

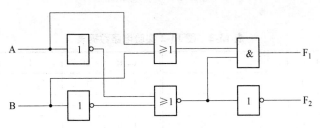

图 13-1　实验电路图

表 13-1　图 13-1 实验电路图数据表

A	B	F_1	F_2
0	0		
0	1		
1	0		
1	1		

2. 完成图 13-2 实验电路

（1）查手册选择具有图 13-2 功能的集成芯片。

（2）连接芯片的电源和地，使芯片能够工作。

（3）按图 13-2 连接实验电路图。输入端 A、B、C、D 接逻辑开关，输出端 F_1、F_2 接 LED 显示器（注意要串联限流电阻 4.7k），按表 13-2 输入 A、B、C、D 的状态，观察输出端 F_1、F_2，结果填入表中。写出 F_1、F_2 的逻辑表达式，将运算结果与实验比较，并分析电路的逻辑功能。

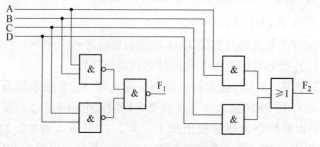

图 13-2　实验电路图

表 13-2　图 13-2 实验电路数据表

A B C D	F_1	F_2	A B C D	F_1	F_2
0 0 0 0			1 0 0 0		
0 0 0 1			1 0 0 1		
0 0 1 0			1 0 1 0		
0 0 1 1			1 0 1 1		
0 1 0 0			1 1 0 0		
0 1 0 1			1 1 0 1		
0 1 1 0			1 1 1 0		
0 1 1 1			1 1 1 1		

3. 完成图 13-3 实验电路

（1）查手册选择具有图 13-3 功能的集成芯片。

（2）连接芯片的电源和地，使芯片能够工作。

（3）按图 13-3 连接实验电路图。输入端 A、B、C、D 接逻辑开关，输出端 F_1、F_2 接 LED 显示器（注意要串联限流电阻 4.7k），按表 13-3 输入 A、B、C、D 的状态，观察输出端 F_1、F_2，结果填入表中。写出 F_1、F_2 的逻辑表达式，将运算结果与实验比较，并分析电路的逻辑功能。

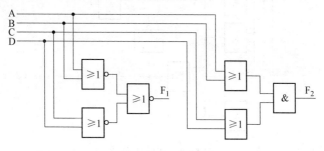

图 13-3　实验电路图

表 13-3　图 13-3 实验电路数据表

A B C D	F_1	F_2	A B C D	F_1	F_2
0 0 0 0			1 0 0 0		
0 0 0 1			1 0 0 1		
0 0 1 0			1 0 1 0		
0 0 1 1			1 0 1 1		
0 1 0 0			1 1 0 0		
0 1 0 1			1 1 0 1		
0 1 1 0			1 1 1 0		
0 1 1 1			1 1 1 1		

4. 完成图 13-4 实验电路

（1）查手册选择具有图 13-4 功能的集成芯片。

（2）连接芯片的电源和地，使芯片能够工作。

（3）按图 13-4 连接实验电路图。输入端 A、B、C 接逻辑开关，输出端 F_1、F_2 接 LED 显示器（注意要串联限流电阻 4.7k），按表 13-4

输入 A、B、C 的状态，观察输出端 F_1、F_2，结果填入表中。写出 F_1、F_2 的逻辑表达式，将运算结果与实验比较，并分析电路的逻辑功能。

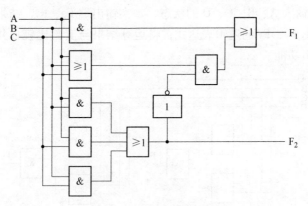

图 13-4　实验电路图

表 13-4　图 13-4 实验电路数据表

A	B	C	F_1	F_2
0	0	0		
0	0	1		
0	1	0		
0	1	1		
1	0	0		
1	0	1		
1	1	0		
1	1	1		

（二）扩展要求（组合逻辑电路的设计）

（1）设计医院优先照顾重患者的呼唤电路。设医院某科有 1，2，3，4 间病房，患者按病情由重至轻依次住进 1～4 号病房。完成此电路的组装和测试。

（2）某工厂有三个用电量相同的车间和一大、一小两台自备发电机，大发电机的供电量是小发电机的两倍。若只有一个车间开工，小发电机便可以满足供电要求；若两个车间同时开工，大发电机可满足供电要求；若三个车间同时开工，需大、小发电机同时启动才能满足供电要求。设计一个控制器，以实现对两个发电机启动的控制。完成此电路的组装和测试。

（3）某汽车驾驶学校培训班结业考试，共有三名评判员 A、B、C。其中 A 为主裁判，B 和 C 为副裁判。评判按照少数服从多数的原则：多数评判员认为合格即可通过；但主评判员认为合格，也可通过。试设计此评判电路。完成此电路的组装和测试。

（4）74LS283 是 4 位超前进位全加器，利用它可实现多种功能的电路。

1）利用 74LS283 设计一将 8421BCD 码转换成余 3 码的电路。要求完成电路的设计、组装与测试。

2）利用 74LS283 和其他门电路完成 4 位二进制减法运算功能。要求完成电路的设计、组装与测试。

二、实验过程及要求

（1）实验预习：选择合适的器件，了解器件的使用方法。查阅器件管脚定义及性能指标，设计检测器件逻辑功能的实验方法。

（2）按照实验电路图完成组合逻辑电路的测试，写出输出端逻辑表达式并化简。

（3）实验方案设计：按照设计要求进行电路设计。

（4）利用 Multisim 仿真：将设计电路利用 Multisim 仿真，观察是否与设计结果一致。若不一致，则检查原因，修改设计。

（5）电路测试：连接实验电路，测试电路的功能。设计需要测量的数据表格，记录测试结果。

（6）实验总结：对实验结果进行分析解释，总结实验的心得、体会。

三、相关知识及背景

小规模集成逻辑门、中规模集成器件的逻辑功能和使用方法。

组合逻辑电路的设计方法。电路焊接的相关知识。面包板的使用。硬件电路的连接及调试方法。排除故障的方法，电子仪器的使用。

四、实验目的

（1）了解电子器件的选择与使用。
（2）学会组合逻辑电路的设计方法。
（3）掌握组合逻辑电路的安装、调试技能。

五、实验教学与指导

组合逻辑电路是最常用的逻辑电路，其特点是在任何时刻电路的输出信号仅取决于该时刻的输入信号，而与信号作用前电路原来所处的状态无关。

组合逻辑电路的设计，就是根据给定的逻辑要求，设计能实现功能的最简单电路。这里所说的"最简"，是指电路所用的器件最少，器件种类最少，器件之间的连线最少。组合逻辑电路的基本设计流程如图 13-5 所示。

1. 逻辑抽象

通常提出设计要求是用文字描述的具有一定因果关系的逻辑命题。设计电路前，需要通过逻辑抽象的方法，把逻辑命题用逻辑函数描述出来。具体步骤为：

（1）根据命题分析事件的因果关系，确定输入变量和输出变量。一般把事件的起因定义为输入变量，把事件的结果定义为输出变量。

（2）对逻辑变量进行赋值。用二值逻辑的 0、1 分别代表输入变量和输出变量的两种不同状态。0 和 1 的含义由设计者人为设定。

（3）根据给定事件的因果关系列出真值表。

（4）将真值表转换为对应的逻辑函数式。

2. 逻辑表达式化简

为了获得最简单的设计结果，应将逻辑表达式化成最简形式，即表达式中相加的乘积项最少，而且每个乘积项中的因子也最少。如果所用器件的种类有附加要求（如只允许使用与非门），则应将逻辑表达式变换成与器件相适应的形式（如与非-与非式）。

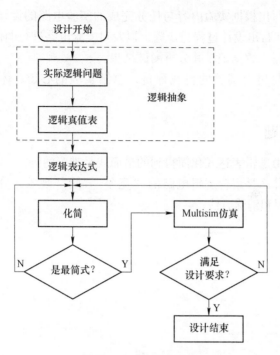

图 13-5　基本设计流程

3.　Multisim 仿真

利用 Multisim 仿真进行逻辑检测。若逻辑检测结果不符合逻辑设计的要求，则需对上述过程进行调整，直至最终实现逻辑功能。此外，还要判断所设计的电路是否存在竞争和冒险现象，并加以消除。

4.　绘制逻辑图

根据简化的逻辑表达式绘制逻辑电路图。

六、实验报告要求

（1）写出实验名称、班级、姓名、学号、同组人员等基本信息。

（2）写出实验的目的和意义。

（3）写出实验使用的仪器设备名称及材料数量（清单）。

（4）写出根据实验内容与任务完成的实验电路的设计方案及方案论证，并写出设计过程与步骤，以及对实验电路进行的仿真分析。

（5）写出数据记录并分析测试结果。

（6）写出对实验的自我评价，总结实验的心得、体会并提出建议。

七、思考题

（1）由逻辑表达式化简得到的最简式是唯一的吗？

（2）什么是组合逻辑电路的"竞争-冒险"现象，分析产生该现象的原因和消除方法。

实验 14　触发器及其应用

验证性实验（计划学时：2 学时）

一、实验目的

（1）掌握基本 RS、JK、D 和 T 触发器的逻辑功能。
（2）掌握集成触发器的逻辑功能及使用方法。
（3）熟悉触发器之间相互转换的方法。

二、实验设备与器件

（1）+ 5V 直流电源；（2）双踪示波器；（3）连续脉冲源；
（4）单次脉冲源；（5）逻辑电平开关；（6）逻辑电平显示器；
（7）74LS112（或 CC4027），74LS00（或 CC4011），74LS74（或
CC4013）。

三、原理与说明

触发器具有两个稳定状态，用以表示逻辑状态"1"和"0"，
在一定的外界信号作用下，可以从一个稳定状态翻转到另一个稳定
状态。它是一个具有记忆功能的二进制信息存贮器件，是构成各种
时序电路的最基本逻辑单元。

1. 基本 RS 触发器

图 14-1 为由两个与非门交叉耦
合构成的基本 RS 触发器，它是无
时钟控制低电平直接触发的触发
器。其中，$\bar{S}$ 和 $\bar{R}$ 为两个输入端，低
电平有效。基本 RS 触发器具有置
"0"、置"1"和"保持"三种功

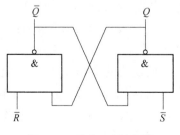

图 14-1　基本 RS 触发器

能。通常称 $\bar{S}$ 为置"1"端，因为 $\bar{S} = 0$ ($\bar{R} = 1$) 时触发器被置"1"；$\bar{R}$ 为置"0"端，因为 $\bar{R} = 0$ ($\bar{S} = 1$) 时触发器被"0"，当 $\bar{S} = \bar{R} = 1$ 时，状态保持；$\bar{S} = \bar{R} = 0$ 时，触发器状态不定，应避免此种情况发生。两个与非门构成的基本 RS 触发器的状态方程为：$Q^{n+1} = S + \bar{R}Q^n$，约束条件为 $\bar{S} + \bar{R} = 1$，不允许 $\bar{S} = \bar{R} = 0$。表 14-1 为基本 RS 触发器的功能表。

表 14-1　基本 RS 触发器的功能表

输　入		输　出	
$\bar{S}$	$\bar{R}$	Q^{n+1}	$\bar{Q}^{n+1}$
0	1	1	0
1	0	0	1
1	1	Q^n	$\bar{Q}^n$
0	0	不　定	

2. JK 触发器

在输入信号为双端的情况下，JK 触发器是功能完善、使用灵活和通用性较强的一种触发器。本实验采用 74LS112 双 JK 触发器，是下降沿触发的边沿触发器。J、K 为两个输入端，$\bar{S}$ 为置"1"端，$\bar{R}$ 为置"0"端，CP 为输入脉冲。JK 触发器逻辑符号如图 14-2 所示。

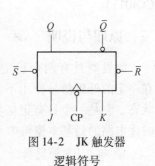

图 14-2　JK 触发器
逻辑符号

JK 触发器的状态方程为：

$$Q^{n+1} = J\bar{Q}^n + \bar{K}Q^n$$

触发器的输出状态由在触发器下降沿处 J、K、Q^n 的状态决定。通常把 $Q = 0$、$\bar{Q} = 1$ 的状态定为触发器"0"状态；而把 $Q = 1$、$\bar{Q} = 0$ 定为"1"状态。下降沿触发 JK 触发器功能如表 14-2 所示。

JK 触发器常被用作缓冲存储器、移位寄存器和计数器。

表 14-2 下降沿触发 JK 触发器的功能表

输　入					输　出	
$\bar{S}$	$\bar{R}$	CP	J	K	Q^{n+1}	$\bar{Q}^{n+1}$
0	1	×	×	×	1	0
1	0	×	×	×	0	1
0	0	×	×	×	不　定	
1	1	↓	0	0	Q^n	$\bar{Q}^n$
1	1	↓	1	0	1	0
1	1	↓	0	1	0	1
1	1	↓	1	1	$\bar{Q}^n$	Q^n
1	1	↑	×	×	Q^n	$\bar{Q}^n$

3. D 触发器

在输入信号为单端的情况下，D 触发器用起来最为方便，其状态方程为 $Q^{n+1} = D^{n+1}$。触发器的输出状态由触发器 CP 脉冲的上升沿处 D 的状态决定，故又称为上升沿触发的边沿触发器，功能如表 14-3 所示。

D 触发器的应用很广，可用作数字信号的寄存，移位寄存，分频和波形发生等。

图 14-3（a）为 D 触发器的逻辑符号。其功能如表 14-3 所示。

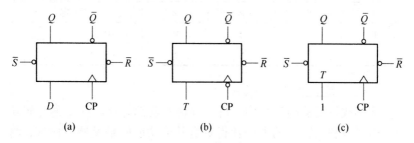

(a)　　　　　　　　(b)　　　　　　　　(c)

图 14-3 D 触发器、T 触发器及 T′触发器的逻辑符号

表14-3 D触发器功能表

输 入				输 出	
$\bar{S}$	$\bar{R}$	CP	D	Q^{n+1}	$\overline{Q}^{n+1}$
0	1	×	×	1	0
1	0	×	×	0	1
0	0	×	×	不 定	
1	1	↑	1	1	0
1	1	↑	0	0	1

4. T 触发器

T 触发器的逻辑符号如图 14-3（b）所示。其状态方程为：$Q^{n+1} = T\overline{Q}^n + \bar{T}Q^n$。功能如表 14-4 所示。

由功能表可见，当 $T = 0$ 时，时钟脉冲作用后，其状态保持不变；当 $T = 1$ 时，时钟脉冲作用后，触发器状态翻转。所以，若将 T 触发器的 T 端置"1"，如图 14-3（c）所示，即得 T′ 触发器。在 T′ 触发器的 CP 端每来一个 CP 脉冲信号，触发器的状态就翻转一次，故称之为反转触发器，广泛用于计数电路中。

表14-4 T触发器功能表

输 入				输 出	
$\bar{S}$	$\bar{R}$	CP	T	Q^{n+1}	$\overline{Q}^{n+1}$
0	1	×	×	1	0
1	0	×	×	0	1
0	0	×	×	不 定	
1	1	↓	0	Q^n	$\overline{Q}^n$
1	1	↓	1	$\overline{Q}^n$	Q^n

5. 触发器之间的相互转换

在集成触发器的产品中，每一种触发器都有自己固定的逻辑功能。但可以利用转换的方法获得具有其他功能的触发器。例如，将 JK 触发器的 J、K 两端连在一起，并认它为 T 端，就得到所需的 T 触发器。如图 14-4（a）所示，若将 T 触发器的 T 端置"1"，如图

14-4（b）所示，即得 T′触发器。在 T′触发器的 CP 端每来一个 CP 脉冲信号，触发器的状态就翻转一次，故称之为反转触发器，广泛用于计数电路中。

同样，若将 D 触发器 $\overline{Q}$ 端与 D 端相连，便转换成 T′触发器，如图 14-4（c）所示。

JK 触发器也可转换为 D 触发器，如图 14-4（d）所示。

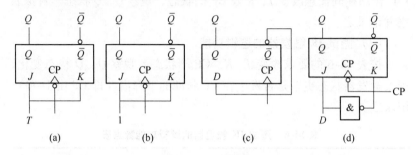

图 14-4　T′触发器

四、实验内容与步骤

（一）基本要求

1. 测试基本 RS 触发器的逻辑功能

按图 14-1，用两个与非门组成基本 RS 触发器，输入端 $\overline{R}$、$\overline{S}$ 接逻辑开关的输出插口，输出端 Q、$\overline{Q}$ 接逻辑电平显示输入插口，按表 14－5 要求测试，记录之。

表 14-5　测试基本 RS 触发器的逻辑功能数据表

$\overline{R}$	$\overline{S}$	Q	$\overline{Q}$
1	1→0		
	0→1		
1→0	1		
0→1			
0	0		

2. 测试双 JK 触发器 74LS112 逻辑功能

（1）测试 $\overline{R}$、$\overline{S}$ 的复位、置位功能。

任取一只 JK 触发器，$\overline{R}$、$\overline{S}$、J、K 端接逻辑开关输出插口，CP 端接单次脉冲源，Q、$\overline{Q}$ 端接至逻辑电平显示输入插口。要求改变 $\overline{R}$、$\overline{S}$（J、K、CP 处于任意状态），并在 $\overline{R} = 0$（$\overline{S} = 1$）或 $\overline{S} = 0$（$\overline{R} = 1$）作用期间任意改变 J、K 及 CP 的状态，观察 Q、$\overline{Q}$ 状态。自拟表格并记录之。

（2）测试 JK 触发器的逻辑功能。

按表 14-6 的要求改变 J、K、CP 端状态，观察 Q、$\overline{Q}$ 状态变化，观察触发器状态更新是否发生在 CP 脉冲的下降沿（即 CP 由 $1 \to 0$），记录之。

表 14-6　测试 JK 触发器的逻辑功能数据表

J	K	CP	Q^{n+1}	
			$Q^n = 0$	$Q^n = 1$
0	0	$0 \to 1$		
		$1 \to 0$		
0	1	$0 \to 1$		
		$1 \to 0$		
1	0	$0 \to 1$		
		$1 \to 0$		
1	1	$0 \to 1$		
		$1 \to 0$		

（3）将 JK 触发器的 J、K 端连在一起，构成 T 触发器。

在 CP 端输入 1Hz 连续脉冲，观察 Q 端的变化。

在 CP 端输入 1kHz 连续脉冲，用双踪示波器观察 CP、Q、$\overline{Q}$ 端波形，注意相位关系，描绘之。

3. 测试双 D 触发器 74LS74 的逻辑功能

（1）测试 $\overline{R}$、$\overline{S}$ 的复位、置位功能。

测试方法与测试双 JK 触发器 74LS112 逻辑功能的（1）、（2）

相同，自拟表格记录。

（2）测试 D 触发器的逻辑功能。

按表 14-7 要求进行测试，并观察触发器状态更新是否发生在 CP 脉冲的上升沿（即由 0→1），记录之。

表 14-7 测试 D 触发器的逻辑功能数据表

D	CP	Q^{n+1}	
		$Q^n = 0$	$Q^n = 1$
0	0→1		
	1→0		
1	0→1		
	1→0		

（3）将 D 触发器的 $\overline{Q}$ 端与 D 端相连接，构成 T′触发器。

测试方法与测试双 JK 触发器 74LS112 逻辑功能的（3）相同，记录之。

（二）扩展要求

1. 双相时钟脉冲电路

用 JK 触发器及与非门构成的双相时钟脉冲电路如图 14-5 所示，此电路是用来将时钟脉冲 CP 转换成两相时钟脉冲 CP_A 及 CP_B，其频率相同、相位不同。

分析电路工作原理，并按图 14-5 接线，用双踪示波器同时观察 CP、CP_A；CP、CP_B 及 CP_A、CP_B 波形，并描绘之。

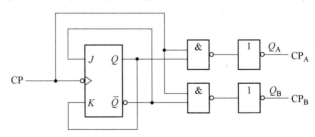

图 14-5 实验电路

2. 设计乒乓球练习电路

电路功能要求：模拟两名运动员在练球时，乒乓球能往返运转。

提示：采用双 D 触发器 74LS74 设计实验线路，两个 CP 端触发脉冲分别由两名运动员操作，两触发器的输出状态用逻辑电平显示器显示。

五、实验报告要求

（1）列表整理各类触发器的逻辑功能。

（2）总结观察到的波形，说明触发器的触发方式。

（3）体会触发器的应用。

（4）总结收获和体会。

（5）回答思考题。

六、思考题

利用普通的机械开关组成的数据开关所产生的信号是否可作为触发器的时钟脉冲信号，为什么？是否可以用做触发器的其他输入端的信号，又是为什么？

实验 15　计数器及其应用

验证性实验（计划学时：2 学时）

一、实验目的

(1) 学习用集成触发器构成计数器的方法。

(2) 掌握中规模集成计数器的使用及功能测试方法。

(3) 运用集成计数器构成 1/N 分频器。

二、实验设备与器件

(1) +5V 直流电源；(2) 双踪示波器；(3) 连续脉冲源；(4) 单次脉冲源；(5) 逻辑电平开关；(6) 逻辑电平显示器；(7) 译码显示器；(8) 74LS74，74LS192×3，74LS00，74LS20。

三、原理与说明

计数器是一个用以实现计数功能的时序部件，它不仅可用来计脉冲数，还常用做数字系统的定时、分频和执行数字运算以及其他特定的逻辑功能。

计数器种类很多。按构成计数器中的各触发器是否使用一个时钟脉冲源，分为同步计数器和异步计数器；根据计数制的不同，分为二进制计数器、十进制计数器和任意进制计数器；根据计数的增减趋势，又分为加法、减法和可逆计数器；还有可预置数和可编程序功能计数器等等。目前，无论是 TTL 还是 CMOS 集成电路，都有品种较齐全的中规模集成计数器。使用者只要借助于器件手册提供的功能表和工作波形图以及引出端的排列，就能正确地运用这些器件。

1. 用 D 触发器构成异步二进制加/减计数器

图 15-1 是用四只 D 触发器构成的四位二进制异步加法计数器，它的连接特点是将每只 D 触发器接成 T′ 触发器，再由低位触发器的 $\overline{Q}$ 端和高一位的 CP 端相连接。

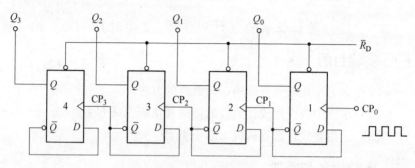

图 15-1　加法计数器

若将图 15-1 稍加改动，即将低位触发器的 Q 端与高一位的 CP 端相连接，即构成了一个 4 位二进制减法计数器。

2. 中规模十进制计数器

74LS192 是同步十进制可逆计数器，具有双时钟输入，并具有清除和置数等功能，其引脚排列及逻辑符号如图 15-2 所示。

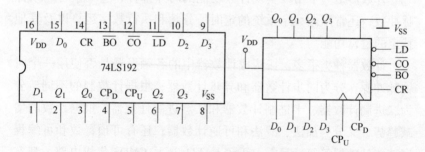

图 15-2　74LS192 可逆计数器

$\overline{LD}$ —置数端；CP_U —加计数端；CP_D —减计数端；$\overline{CO}$ —非同步进位输出端；

$\overline{BO}$ —非同步借位输出端；D_0, D_1, D_2, D_3 —计数器输入端；

Q_0, Q_1, Q_2, Q_3 —数据输出端；CR —清除端

74LS192 的功能如表 15-1 所示。

表 15-1 74LS192 功能

输 入								输 出			
CR	$\overline{LD}$	CP_U	CP_D	D_3	D_2	D_1	D_0	Q_3	Q_2	Q_1	Q_0
1	×	×	×	×	×	×	×	0	0	0	0
0	0	×	×	d	c	b	a	d	c	b	a
0	1	↑	1	×	×	×	×	加 计 数			
0	1	1	↑	×	×	×	×	减 计 数			

当清除端 CR 为高电平"1"时，计数器直接清零；CR 置低电平则执行其他功能。

当 CR 为低电平，置数端 $\overline{LD}$ 也为低电平时，数据直接从置数端 D_0、D_1、D_2、D_3 置入计数器。

当 CR 为低电平，$\overline{LD}$ 为高电平时，执行计数功能。执行加计数时，减计数端 CP_D 接高电平，计数脉冲由 CP_U 输入；在计数脉冲上升沿进行 8421 码十进制加法计数。执行减计数时，加计数端 CP_U 接高电平，计数脉冲由减计数端 CP_D 输入。表 15-2 为 8421 码十进制加、减计数器的状态转换表。

表 15-2 8421 码十进制加、减计数器的状态转换表

加法计数 →

	输入脉冲数	0	1	2	3	4	5	6	7	8	9
输出	Q_3	0	0	0	0	0	0	0	0	1	1
	Q_2	0	0	0	0	1	1	1	1	0	0
	Q_1	0	0	1	1	0	0	1	1	0	0
	Q_0	0	1	0	1	0	1	0	1	0	1

← 减法计数

3. 计数器的级联使用

一个十进制计数器只能表示 0～9 十个数，为了扩大计数器范围，常用多个十进制计数器级联使用。

同步计数器往往设有进位（或借位）输出端，故可选用其进位（或借位）输出信号驱动下一级计数器。

图 15-3 是由 74LS192 利用进位输出CO控制高一位的 CP_U 端构成的加数级联图。

4. 实现任意进制计数

（1）用复位法获得任意进制计数器。

假定已有 N 进制计数器，而需要得到一个 M 进制计数器时，只要 $M < N$，用复位法使计数器计数到 M 时置"0"，即获得 M 进制计数器。如图 15-4 所示为一个由 74LS192 十进制计数器接成的 6 进制计数器。

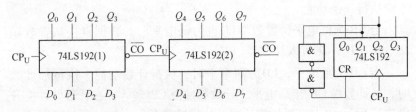

图 15-3　加数级联图　　　　图 15-4　六进制计数器

（2）利用预置功能获 M 进制计数器。

图 15-5 是一个特殊 12 进制的计数器电路方案。在数字钟里，对

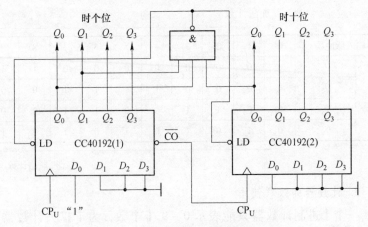

图 15-5　特殊十二进制计数器电路方案

时位的计数序列是 1、2、…、11、12 是 12 进制的，且无 0 数。如图所示，当计数到 13 时，通过与非门产生一个复位信号，使 74LS192（2）[时十位]直接置成 0000，而 74LS192（1）即时的个位直接置成 0001，从而实现了 1～12 计数。

四、实验内容与步骤

（一）基本要求

1. 用 74LS74 D 触发器构成 4 位二进制异步加法计数器

（1）按图 15-1 接线，$\overline{R}$ 接至逻辑开关输出插口，将低位 CP_0 端接单次脉冲源，输出端 Q_3、Q_2、Q_1、Q_0 接逻辑电平显示输入插口，各 $\overline{S}$ 接高电平"1"。

（2）清零后，逐个送入单次脉冲，观察并列表记录 $Q_3 \sim Q_0$ 状态。

（3）将单次脉冲改为 1Hz 的连续脉冲，观察 $Q_3 \sim Q_0$ 的状态。

（4）将 1Hz 的连续脉冲改为 1kHz，用双踪示波器观察 CP、Q_3、Q_2、Q_1、Q_0 端波形，描绘之。

（5）将图 15-1 电路中的低位触发器的 Q 端与高一位的 CP 端相连接，构成减法计数器，按实验内容（2），（3），（4）进行实验，观察并列表记录 $Q_3 \sim Q_0$ 的状态。

2. 测试 74LS192 同步十进制可逆计数器的逻辑功能

计数脉冲由单次脉冲源提供，清除端 CR、置数端 $\overline{LD}$、数据输入端 D_3、D_2、D_1、D_0 分别接逻辑开关，输出端 Q_3、Q_2、Q_1、Q_0 接实验设备的一个译码显示输入相应插口 A、B、C、D；$\overline{CO}$ 和 $\overline{BO}$ 接逻辑电平显示插口。按表 15-1 逐项测试并判断该集成块的功能是否正常。

（1）清除。

令 CR = 1，其他输入为任意态，这时 $Q_3Q_2Q_1Q_0 = 0000$，译码数字显示为 0。清除功能完成后，置 CR = 0。

（2）置数。

CR = 0，CP_U，CP_D 任意，数据输入端输入任意一组二进制数，

令 $\overline{LD}=0$，观察计数译码显示输出，预置功能是否完成，此后置 $\overline{LD}=1$。

（3）加计数。

$CR=0$，$\overline{LD}=CP_D=1$，CP_U 接单次脉冲源。清零后送入 10 个单次脉冲，观察译码数字显示是否按 8421 码十进制状态转换表进行；输出状态变化是否发生在 CP_U 的上升沿。

（4）减计数。

$CR=0$，$\overline{LD}=CP_U=1$，CP_D 接单次脉冲源。参照（3）进行实验。

3. 如图 15-3 所示，用两片 CC40192 组成两位十进制加法计数器，输入 1Hz 连续计数脉冲，进行由 00~99 累加计数，记录之。

4. 将两位十进制加法计数器改为两位十进制减法计数器，实现由 99~00 递减计数，记录之。

5. 按图 15-4 电路进行实验，记录之。

6. 按图 15-5 电路进行实验，记录之。

（二）扩展要求

设计一个数字钟移位 60 进制计数器并进行实验。

五、实验报告要求

（1）画出实验线路图，记录、整理实验现象及实验所得的有关波形。对实验结果进行分析。

（2）总结使用集成计数器的体会。

（3）总结收获和体会。

（4）回答思考题。

六、思考题

在用复位法设计一个六十进制（计数范围 0~59）计数器并进行实验时，个位 CR 可以接低电平吗？当计数到 59 时，进位端有输出吗？

实验 16　整流滤波与并联稳压电路

（计划学时：2 学时）

一、实验目的

（1）研究单相桥式整流、电容滤波电路的特性。

（2）掌握并联型晶体管稳压电源主要技术指标的测试方法。

（3）熟练掌握仪器仪表的使用技术。

二、实验仪器设备

电工电子系统实验装置。

三、实验原理与说明

电子设备一般都需要直流电源供电。这些直流电除了少数直接利用干电池和直流发电机外，大多数是采用把交流电（市电）转变为直流电的直流稳压电源。

直流稳压电源由电源变压器、整流、滤波和稳压电路四部分组成，其原理框图如图 16-1 所示。电网供给的交流电压 u_1（220V，50Hz）经电源变压器降压后，得到符合电路需要的交流电压 u_2，然后由整流电路变换成方向不变、大小随时间变化的脉动电压 u_3，再用滤波器滤去其交流分量，就可得到比较平直的直流电压 u_i。但这

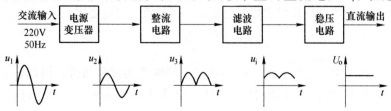

图 16-1　直流稳压电源原理框图

样的直流输出电压，还会随交流电网电压的波动或负载的变动而变化。在对直流供电要求较高的场合，还需要使用稳压电路，以保证输出直流电压更加稳定。

图 16-2 是并联型稳压电源实验电路图。其整流部分为单相桥式整流、电容滤波电路。稳压部分为并联型稳压电路，电阻 R 及稳压管组成。稳压电路的输出电压 U_o 为稳压管的稳定电压。其稳压过程为：当电网电压波动或负载变动引起输出直流电压 U_i 略有增加时，根据稳压管的特性，稳压管电流 I_z 会显著增加，输出电流 I 会随之增加，电阻 R 的电压随之增加，则输出电压 U_o 自动降低。如果 U_o 降低时，则稳压过程与上述相反。

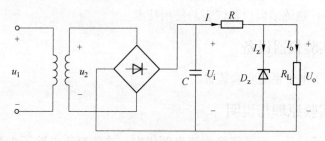

图 16-2　并联型稳压电源实验电路

由于在稳压电路中，稳压管与负载并联，所以称为并联稳压电路。这种稳压电路简单，但受稳压二极管最大稳定电流的限制，输出电流不能太大，而且输出电压不可调。

（1）最大负载电流 I_{om}。指稳压电源正常工作的情况下能输出的最大电流。

（2）稳压系数 S（电压调整率）。稳压系数定义为：当负载保持不变，输出电压相对变化量与输入电压相对变化量之比，即

$$S = \frac{\Delta U_o / U_o}{\Delta U_i / U_i} \bigg|_{R_L = 常数}$$

由于工程上常把电网电压波动 ±10% 作为极限条件，因此也有将此时输出电压的相对变化 $\Delta U_o / U_o$ 作为衡量指标，称为电压调整率。

（3）纹波电压。输出纹波电压是指在额定负载条件下，输出电

压中所含交流分量的有效值（或峰值）。可以用交流电压表测量其有效值。

四、实验内容与步骤

（一）基本要求

1. 整流滤波电路测试

按图 16-3 连接实验电路。取可调工频电源电压为 16V，作为整流电路输入电压 u_2。

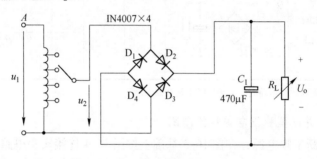

图 16-3　实验电路

（1）取 $R_L = 240\Omega$，不加滤波电容，测量直流输出电压 U_L 及纹波电压 $\tilde{U}_L$，并用示波器观察 u_2 和 u_o 波形，记入表 16-1。

（2）取 $R_L = 240\Omega$，$C = 470\mu F$，重复内容（1）的要求，记入表 16-1。

（3）取 $R_L = 120\Omega$，$C = 470\mu F$，重复内容（1）的要求，记入表 16-1。

表 16-1　测量整流滤波电路数据表

电　路　形　式	U_L/V	$\tilde{U}_L/V$	u_L 波形
$R_L = 240\Omega$			

电 路 形 式	U_L/V	$\widetilde{U}_L/V$	u_L 波形
$R_L = 240\Omega$ $C = 470\mu F$			
$R_L = 120\Omega$ $C = 470\mu F$			

注：每次改接电路时，必须切断工频电源。

2. 并联型稳压电源性能测试

切断工频电源，在图 16-3 基础上按图 16-4 连接实验电路。图中负载电阻 R_L 由限流电阻 R_1 和可调电阻 R 组成。限流电阻 R_1 用来防止负载短路，取 $R_1 = 100\Omega$，R_P 为可调电阻，最大电阻为 $1k\Omega$。用来改变负载电阻 R_L。稳压管 D_z 的稳压值为 12V。

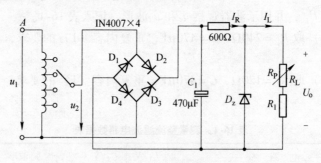

图 16-4 实验电路

（1）初测。

将稳压器输出端负载开路，接通 16V 工频电源，测量整流电路输入电压 u_2，滤波电路输出电压 u_1（稳压器输入电压）及输出电压

U_o。如果输出电压 $U_o = 12V$，说明稳压管工作正常。

（2）测量输出电压可调范围。

接入负载 R_L（滑线变阻器），并调节 R_P，逐渐减小 R_P，测量当输出电压下降 10% 即 $U_o = 10.8V$ 时，测量此时串联电阻的电流 I_R（测量 600Ω 电阻电压除以电阻）、I_L（在负载电阻电路中串联电流表），测量数据记录表 16-2 中。

表 16-2　测量输出电压可调范围数据表

项目	U_o/V	I_R/mA	I_L/mA	I_z/mA	$R_L/Ω$
R_L断开	12				
U_o/V	10.8				

（二）扩展要求

1. 测量稳压系数 S

调节三相调压器的输出电压（模拟电网电压波动），使电源电压 $u_1 = 242V$，测量此时对应的输出电压 U_{o1}，调节三相调压器的输出电压，使电源电压 $u_1 = 198V$，测量此时对应的输出电压 U_{o2}，测量数据填入表 16-3 中。

表 16-3　测量稳压系数数据表

测 试 值				计算值
u_1/V	u_2/V	U_i/V	U_o/V	S
198			$U_{o1} =$	
220			12	
242			$U_{o2} =$	

稳压系数：$S = \dfrac{\Delta U_o}{U_o} \Big/ \dfrac{\Delta U_i}{U_i} = \dfrac{220}{242 - 198} \cdot \dfrac{U_{o1} - U_{o2}}{U_o}$。

2. 测量纹波电压

调节三相调压器的输出电压，使电源电压 $U_1 = 220V$，在滤波电容连接和断开两种情况下，用交流毫伏表测量其输出电压即为纹波电压。测量数据填入表 16-4 中。

表 16-4 测量纹波电压数据表

项　目	纹波电压 $\Delta U_。$
滤波电容连接	
滤波电容断开	

五、实验报告要求

（1）对表 16-1 所测结果进行全面分析，总结桥式整流、电容滤波电路的特点。

（2）根据表 16-2 给出稳压电源带负载的范围。

（3）根据表 16-3 所测数据，计算稳压电路的稳压系数 S，并对稳压系数和纹波电压进行分析。

（4）分析讨论实验中出现的故障及其排除方法。

（5）总结收获和体会。

（6）回答思考题。

六、思考题

在桥式整流电路中，如果某个二极管发生了开路、短路或反接三种情况，将会出现什么问题？

实验 17　集成直流稳压电源的设计与制作

（计划学时：4 学时）

一、实验内容与任务

（一）基本要求

（1）设计并制作一个直流稳压电源，主要技术指标要求如下：

1）输出电压 1.5～12V 可调。

2）纹波电压小于 5mV。

3）最大输出电流 1A。

（2）设计电路结构，选择电路元件，计算元件参数，画出实用原理电路图。

（二）扩展要求

在基本要求的基础上最大输出电流为 3A，设计改进电路。

二、实验过程及要求

（1）根据实验内容、技术指标及实验室现有条件，自选方案设计出原理图，分析工作原理。

（2）选择器件，并计算元件参数。利用 Multisim 软件进行仿真，并优化设计。

（3）连接所设计的电路，使之达到设计要求。

（4）按照设计要求对调试好的硬件电路进行测试：

1）测量稳压电源输出电压的调节范围。

2）测量稳压电源的纹波电压。

3）测量稳压电源的稳压系数。

记录测试数据，分析电路性能指标。

（5）实验总结：对实验结果进行分析解释，总结实验的心得体会。

三、相关知识及背景

可调直流稳压电源由电源变压器、桥式整流电路、滤波器和稳压电路四部分组成。城市电网提供的一般为220V（或380V）/50Hz 的正弦交流电，电源变压器的作用是将电网交流电压变换成整流滤波电路所需要的交流电压，然后再将其次级输出电压去整流、滤波和稳压，最后得到所需要的直流电压幅值。

设计直流稳压电源涉及变压器的设计与相关计算，集成稳压芯片的选择与应用等相关知识。

四、实验目的

（1）掌握模拟电路设计的基本方法、设计步骤，培养综合设计与调试能力。

（2）学会直流稳压电源的设计方法和性能指标测试方法。

（3）培养实践技能，提高分析和解决问题的能力。

五、实验教学与指导

如图 17-1 所示为整个电路设计的原理框图，220V 交流电通过变压器，整流器，滤波器和稳压电路之后，就变成可以提供连续可调的直流电压。

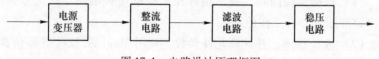

图 17-1　电路设计原理框图

1. 电源变压器

城市电网提供的一般为220V（或380V）/50Hz 的正弦交流电，电源变压器的作用是将电网交流电压变换成整流滤波电路所需要的交流电压。然后再将其次级输出电压去整流、滤波和稳压，最后得到所需要的直流电压幅值。

变压器符号如图 17-2 所示。

图 17-2　变压器符号

变压器主要参数：

（1）电压比（变比）：初、次级电压和线圈圈数具有以下关系：

$$\frac{U_2}{U_1} = \frac{N_2}{N_1} = K$$

（2）效率：在额定功率时，变压器的输出功率和输入功率的比值称为变压器的效率：

$$\eta = \frac{P_2}{P_1} \times 100\%$$

（3）额定电压：指在变压器的初级线圈上所允许施加的电压，正常工作时，变压器初级绕组上施加的电压不得大于规定值。

（4）额定功率：额定功率是指变压器在规定的频率和电压下能长期工作，而不超过规定温升时次级输出的功率。

（5）调整率：变压器的调整率 =（空载电压 – 满载电压）/满载电压。一般 10W 以下变压器的调整率在 20% 以上。

在选择电源变压器时，主要考虑两个指标：一是变压器变比，变压器二次侧空载电压应略高于输出电压的 1.2 倍；二是变压器的额定功率，原则上额定功率越大越好，但是额定功率越大成本越高，因此，应在满足要求的情况下，选小一些，以节约成本。变压器的功率应大于输出功率及变压器损耗之和。具体步骤如下：

（1）确定稳压电路的输入电压 U_i 范围，稳压电源输出电压 U_o 应与输出电压的大小及范围相同。其选择方法为：

$$U_{omax} + (U_i - U_o)_{min} \leq U_i \leq U_{omin} + (U_i - U_o)_{min}$$

$$I_{CM} \leq I_{omax}$$

（2）确定电源变压器副边电压、电流及功率，其选择方法为：

由稳压电源的输出电压可得稳压电源输入电压的范围为：

$$(U_{imin}/1.2) \leqslant U_2 \leqslant (U_{imax}/1.2)$$

一般取：副边电压：$U_2 \geqslant U_{imin}/1.1$

副边电流：$I_2 \geqslant I_{omax}$

输出功率：$P_2 \geqslant I_{imax}U_{imax}/\eta$（通常变压器效率 $\eta = 0.7$）

2. 整流电路

桥式整流电路的作用是利用二极管的单相导电性，将正负交替的正弦交流电压整流成为单相脉动电压。整流分为全波整流和半波整流，通常都用全波整流。由于整流电路通常为桥式整流电路，故一些公司将 4 个整流二极管封装在一起，这种组件称为整流桥，如图 17-3 所示。

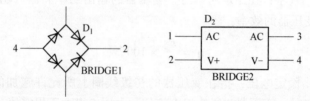

图 17-3　整流桥

整流二极管的主要参数：

（1）I_F——最大平均整流电流。指二极管长期工作时允许通过的最大正向平均电流。

例如，IN4000 系列二极管的 I_F 为 1A。

（2）V_R——最大反向工作电压。指二极管两端允许施加的最大反向电压。

例如，IN4001 的 V_R 为 50V，IN4007 的 V_R 为 1000V。

整流二极管的选择方法：

最大平均整流电流：$I_F \geqslant I_{omax}$。

最大反向工作电压：$U_{RM} \geqslant \sqrt{2}U_2$。

3. 滤波电路

滤波电路由电容、电感等储能元件组成。它的作用是尽可能地将单相脉动中交流成分滤掉，使输出电压成为比较平滑的直流电压。图 17-4 为滤波电路。

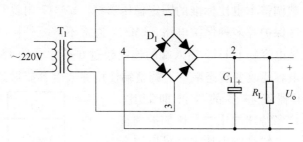

图 17-4 滤波电路

滤波电容的选取原则是：

$$C_1 \geqslant 2.5T/R$$

式中，C_1 为滤波电容，F；T 为周期，s；$T = 1/f$，f 为交流电源频率；R 为负载电阻，Ω。

在实际的应用中，如条件（空间和成本）允许，都选取 $C_1 \geqslant 5T/R$。

如果已知纹波电压，滤波电容 C 的容量通常由下式估算

$$C_1 = \frac{I_C t}{\Delta U_{ip-p}}$$

式中，ΔU_{ip-p} 为稳压器输入端纹波电压峰峰值；t 为电容放电时间，$t = T/2 = 0.01\text{s}$；I_C 为电容放电电流，取 $I_C = I_{omax}$。

4. 稳压电路

稳压电路的作用是采取措施，使输出的直流电压在电网电压或负载电流发生变化时保持稳定。

随着集成技术的发展，稳压电路也迅速实现集成化，目前已能大量生产各种型号的单片集成稳压电路。集成稳压器具有体积小、可靠性高以及温度特性好等优点，而且使用灵活，价格低廉。常用的集成稳压器为 LM317。

LM317 是美国国家半导体公司的三端可调整稳压器集成电路。LM317 的输出电压范围是 1.2~37V，负载电流最大为 1.5A。它的使用非常简单，仅需两个外接电阻来设置输出电压。此外它的线性调

整率和负载调整率也比标准的固定稳压器好。LM317 内置有过载保护、安全区保护等多种保护电路。LM317 通常不需要外接电容，除非输入滤波电容到 LM317 输入端的连线超过 6 英寸（约 15 厘米）。使用输出电容能改变瞬态响应。调整端使用滤波电容能得到比标准三端稳压器高得多的纹波抑制比。
LM317 有许多特殊的用法。比如把调整端悬浮到一个较高的电压上，可以用来调节高达数百伏的电压，只要输入输出压差不超过 LM317 的极限就行。当然，还要避免输出端短路。还可以把调整端接到一个可编程电压上，实现可编程的电源输出。

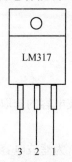

图 17-5 为 LM317 稳压块管脚图。

图 17-6 所示为 LM317 典型电路。

图 17-5　LM317 稳压块管脚图
1—输入电压端；2—输出电压端；
3—电压调整端 ADJ

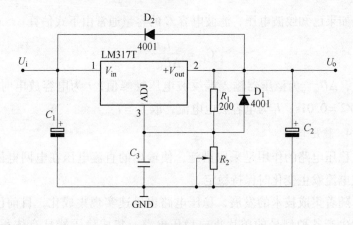

图 17-6　LM317 典型电路

2、3 脚之间为 1.25V 电压基准。为保证稳压器的输出性能，R_1 应小于 240Ω。改变 R_2 阻值即可调整稳压电压值。D_1，D_2 用于保护 LM317。

（1）输出电压调整。

$$U_o = U_{R1} + U_{R2} = I_{R1}R_1 + I_{R1}R_2 = (R_1 + R_2)I_{R1}$$

$$= (R_1 + R_2)\frac{1.25}{R_1}$$

$$= 1.25\left(1 + \frac{R_2}{R_1}\right)$$

（2）确定 R_1、R_2 的值。

LM317 稳定工作要求的最小电流为：$I_{imin} = 1.5 \sim 5\text{mA}$（安全）。

R_1 的最大电阻：$R_{1max} = \dfrac{1.25\text{V}}{5\text{mA}} = 250\Omega$。

R_1 取得过小，会使 LM317 的电流分流过多，导致 I_L 下降，所以，通常 R_1 取 200Ω，根据最大输出电压和最小输出电压即可推出 R_2 的取值范围。

（3）二极管 D_1、D_2 的选取。

通常选取 1N4007 或 1N4001，其作用是保护 LM317。当调整端电压大于输入端电压时，通过 D_1、D_2 进行放电，避免烧坏 LM317。

（4）电容 C_3 的选取。

C_3 的作用是滤波，用以减小输出电压的纹波电压。通常 C_3 选 $10\mu\text{F}$。

六、实验报告要求

（1）写出实验名称、班级、姓名、学号、同组人员等基本信息。

（2）写出实验的目的和意义。

（3）电路设计，包括：

1）电路设计思想，电路结构图框图与系统工作原理。

2）各单元电路结构、工作原理、参数计算和元器件选择说明。

（4）画出完整的电路图，并说明电路的工作原理。

（5）制定实验测量方案。

（6）安装调试，包括：

1）使用的主要仪器仪表。

2）调试电路的方法和技巧。

3）测试的数据和波形并与设计结果比较分析。

4）调试中出现的故障、原因及排除方法。

（7）总结，包括：

1）阐述设计中遇到的问题、原因分析及解决方法。

2）总结设计电路和方案的优缺点。

3）指出设计的核心及实用价值，提出改进意见和展望。

4）实验收获和体会。

（8）列出元器件清单。

（9）参考文献。

七、思考题

（1）如果输出电流为3A，怎样扩展？

（2）在对稳压电源的性能指标测量时，对于输出电压的测量，一般应选择什么仪表？在测量输出电压的纹波电压时，应该选择什么仪器？

附录1 常用集成电路引脚图

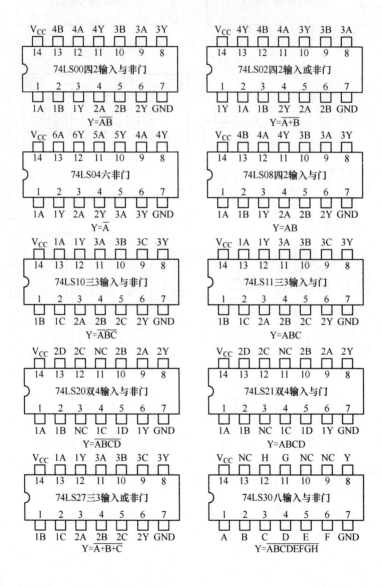

74LS00四2输入与非门 Y=$\overline{AB}$

74LS02四2输入或非门 Y=$\overline{A+B}$

74LS04六非门 Y=$\overline{A}$

74LS08四2输入与门 Y=AB

74LS10三3输入与非门 Y=$\overline{ABC}$

74LS11三3输入与门 Y=ABC

74LS20双4输入与非门 Y=$\overline{ABCD}$

74LS21双4输入与门 Y=ABCD

74LS27三3输入或非门 Y=$\overline{A+B+C}$

74LS30八输入与非门 Y=$\overline{ABCDEFGH}$

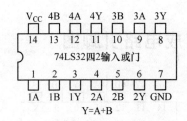

74LS32四2输入或门
Y=A+B

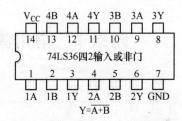

74LS36四2输入或非门
Y=$\overline{A+B}$

74LS48七段译码器/驱动器

十进制成功能	输入端							输出端						
	$\overline{LT}$	$\overline{I_{BR}}$	D	C	B	A	$I_B/\overline{Y}_{BR}$	a	b	c	d	e	f	g
0	H	H	L	L	L	L	H	H	H	H	H	H	H	L
1	H	×	L	L	L	H	H	L	H	H	L	L	L	L
2	H	×	L	L	H	L	H	H	H	L	H	H	L	H
3	H	×	L	L	H	H	H	H	H	H	H	L	L	H
4	H	×	L	H	L	L	H	L	H	H	L	L	H	H
5	H	×	L	H	L	H	H	H	L	H	H	L	H	H
6	H	×	L	H	H	L	H	L	L	H	H	H	H	H
7	H	×	L	H	H	H	H	H	H	H	L	L	L	L
8	H	×	H	L	L	L	H	H	H	H	H	H	H	H
9	H	×	H	L	L	H	H	H	H	H	L	L	H	H
10	H	×	H	L	H	L	H	L	L	L	H	H	L	H
11	H	×	H	L	H	H	H	L	L	H	H	L	L	H
12	H	×	H	H	L	L	H	L	H	L	L	L	H	H
13	H	×	H	H	L	H	H	H	L	L	H	L	H	H
14	H	×	H	H	H	L	H	L	L	L	H	H	H	H
15	H	×	H	H	H	H	H	L	L	L	L	L	L	L

74LS49七段译码器/驱动器

十进制成功能	输入端					输出端						
	D	C	B	A	I_B	a	b	c	d	e	f	g
0	L	L	L	L	H	H	H	H	H	H	H	L
1	L	L	L	H	H	L	H	H	L	L	L	L
2	L	L	H	L	H	H	H	L	H	H	L	H
3	L	L	H	H	H	H	H	H	H	L	L	H
4	L	H	L	L	H	L	H	H	L	L	H	H
5	L	H	L	H	H	H	L	H	H	L	H	H
6	L	H	H	L	H	L	L	H	H	H	H	H
7	L	H	H	H	H	H	H	H	L	L	L	L
8	H	L	L	L	H	H	H	H	H	H	H	H
9	H	L	L	H	H	H	H	H	L	L	H	H
10	H	L	H	L	H	L	L	L	H	H	L	H
11	H	L	H	H	H	L	L	H	H	L	L	H
12	H	H	L	L	H	L	H	L	L	L	H	H
13	H	H	L	H	H	H	L	L	H	L	H	H
14	H	H	H	L	H	L	L	L	H	H	H	H
15	H	H	H	H	H	L	L	L	L	L	L	L

74LS51 2路3输入 2路2输入 与或非门

$1Y=\overline{(1A·1B·1C)+(1D·1E·1F)}$
$2Y=\overline{(2A·2B)+(2C·2D)}$

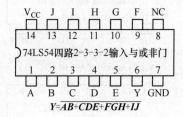

74LS54四路2-3-3-2输入与或非门

$Y=\overline{AB+CDE+FGH+IJ}$

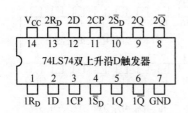

输入				输出	
R_D	$\overline{S}_D$	CP	D	Q	$\overline{Q}$
L	H	×	×	H	L
H	L	×	×	L	H
L	L	×	×	H*	H*
H	H	↑	H	H	L
H	H	↑	L	L	H
H	H	L	×	Q	$\overline{Q}$

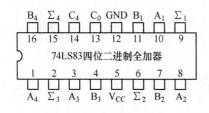

输入					输出	
$\overline{R}_D$	$\overline{S}_D$	$\overline{CP}$	J	K	Q	$\overline{Q}$
L	H	×	×	×	H	L
H	L	×	×	×	L	H
H	L	×	×	×	H*	H*
H	H	↓	L	L	Q	$\overline{Q}$
H	H	↓	H	L	H	L
H	H	↓	L	H	L	H
H	H	↓	H	H	反转	
H	H	H	×	×	Q	$\overline{Q}$

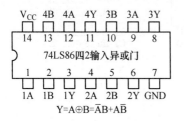

$$
\begin{array}{ccccc}
 & A_4 & A_3 & A_2 & A_1 \\
 & B_4 & B_3 & B_2 & B_1 \\
+ & & & & C_0 \\
\hline
C_4 & \Sigma_4 & \Sigma_3 & \Sigma_2 & \Sigma_1
\end{array}
$$

$Y = A \oplus B = \overline{A}B + A\overline{B}$

功能表同74LS76

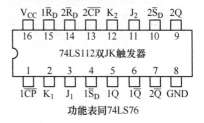

复位输入端		输出端			
$R_{0(1)}$	$R_{0(2)}$	Q_d	Q_c	Q_b	Q_a
H	H	L	L	L	L
L	×	计数			
×	L	计数			

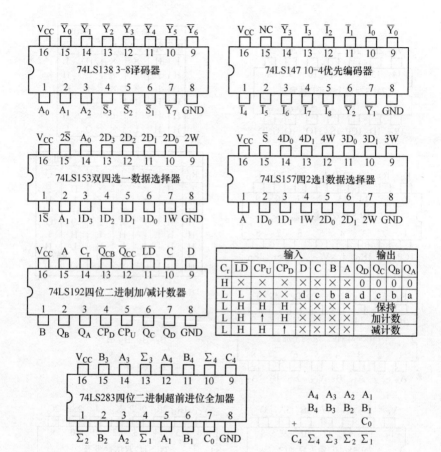

输入								输出			
C_r	$\overline{LD}$	CP_U	CP_D	D	C	B	A	Q_D	Q_C	Q_B	Q_A
H	×	×	×	×	×	×	×	0	0	0	0
L	L	×	×	d	c	b	a	d	c	b	a
L	H	×	×	×	×	×	×	保持			
L	H	↑	H	×	×	×	×	加计数			
L	H	H	↑	×	×	×	×	减计数			

$$
\begin{array}{r}
A_4 \ A_3 \ A_2 \ A_1 \\
B_4 \ B_3 \ B_2 \ B_1 \\
+ \qquad\qquad C_0 \\
\hline
C_4 \ \Sigma_4 \ \Sigma_3 \ \Sigma_2 \ \Sigma_1
\end{array}
$$

附录2 电阻器的标称值及精度色环标志法

色环标志法是用不同颜色的色环在电阻器表面标称阻值和允许偏差。

1. 两位有效数字的色环标志法

普通电阻器用四条色环表示标称阻值和允许偏差，其中三条表示阻值，一条表示偏差，如附图 2-1 所示。

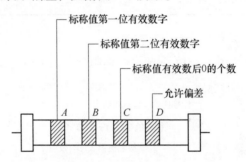

附图 2-1　四条色环表示标称阻值和允许偏差

四条色环表示标称阻值和允许偏差表示如附表 2-1 所示。

附表 2-1　四条色环表示标称阻值和允许偏差

颜色	第一位 有效数字（A）	第二位 有效数字（B）	倍率（C）	允许偏差（D）
黑	0	0	10^0	
棕	1	1	10^1	
红	2	2	10^2	
橙	3	3	10^3	
黄	4	4	10^4	
绿	5	5	10^5	

续附表 2-1

颜色	第一位 有效数字（A）	第二位 有效数字（B）	倍率（C）	允许偏差（D）
蓝	6	6	10^6	
紫	7	7	10^7	
灰	8	8	10^8	
白	9	9	10^9	+50% -20%
金			10^{-1}	±5%
银			10^{-2}	±10%
无色				±20%

2. 三位有效数字的色环标志法

精密电阻器用五条色环表示标称阻值和允许偏差，如附图 2-2 所示。

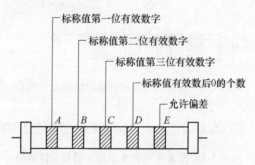

附图 2-2　五条色环表示标称阻值和允许偏差

五条色环表示标称阻值和允许偏差如附表 2-2 所示。

附表 2-2　五条色环表示标称阻值和允许偏差

颜色	第一位 有效数字（A）	第二位 有效数字（B）	第三位 有效数字（C）	倍率 （D）	允许偏差 （E）
黑	0	0	0	10^0	
棕	1	1	1	10^1	±1%
红	2	2	2	10^2	±2%

续附表 2-2

颜色	第一位有效数字（A）	第二位有效数字（B）	第三位有效数字（C）	倍率（D）	允许偏差（E）
橙	3	3	3	10^3	
黄	4	4	4	10^4	
绿	5	5	5	10^5	±0.5%
蓝	6	6	6	10^6	±0.25%
紫	7	7	7	10^7	±0.1%
灰	8	8	8	10^8	
白	9	9	9	10^9	
金				10^{-1}	
银				10^{-2}	

示例见附图 2-3、附图 2-4。

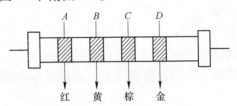

附图 2-3 电阻标称值（一）

A—红色；B—黄色；C—棕色；D—金色

（该电阻标称值及精度为：$24 \times 10^1 = 240\Omega$，精度：±5%）

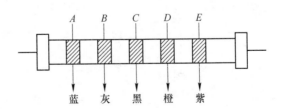

附图 2-4 电阻标称值（二）

A—蓝色；B—灰色；C—黑色；D—橙色；E—紫色

（该电阻标称值及精度为：$680 \times 10^3 = 680k\Omega$，精度：±0.1%）

附录3 用万用电表对常用电子元器件检测

用万用表可以对晶体二极管、三极管、电阻、电容等进行粗测。万用表电阻挡等值电路如附图 3-1 所示，其中的 R_0 为等效电阻，E_0 为表内电池，当万用表处于 $R \times 1$、$R \times 100$、$R \times 1k$ 挡时，一般，$E_0 = 1.5V$，而处于 $R \times 10k$ 挡时，$E_0 = 15V$。测试电阻时要记住，红表笔接在表内电池负端（表笔插孔标"＋"号），而黑表笔接在正端（表笔插孔标以"－"号）。

1. 晶体二极管管脚极性、质量的判别

晶体二极管由一个 PN 结组成，具有单向导电性，其正向电阻小（一般为几百欧）而反向电阻大（一般为几十千欧至几百千欧），利用此点可进行判别。

（1）管脚极性判别。

将万用表拨到 $R \times 100$（或 $R \times 1k$）的欧姆挡，把二极管的两只管脚分别接到万用表的两根测试笔上，如附图 3-2 所示。如果测出的电阻较小（约几百欧），则与万用表黑表笔相接的一端是正极，另一端就是负极；反之，如果测出的电阻较大（约百千欧），那么与万用表黑表笔相连接的一端是负极，另一端就是正极。

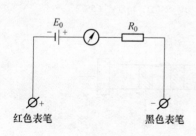

附图 3-1 万用表电阻挡等值电路

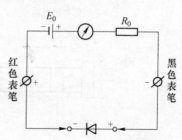

附图 3-2 判断二极管极性

（2）判别二极管质量的好坏。

一个二极管的正、反向电阻差别越大，其性能就越好。如果双向电阻值都较小，说明二极管质量差，不能使用；如果双向阻值都为无穷大，则说明该二极管已经断路。如双向阻值均为零，说明二极管已被击穿。

利用数字万用表的二极管挡也可判别正、负极，此时红表笔（插在"V·Ω"插孔）带正电，黑表笔（插在"COM"插孔）带负电。用两支表笔分别接触二极管两个电极，若显示值在1V以下，说明管子处于正向导通状态，红表笔接的是正极，黑表笔接的是负极。若显示溢出符号"1"，表明管子处于反向截止状态，黑表笔接的是正极，红表笔接的是负极。

2. 晶体三极管管脚、质量判别

可以把晶体三极管的结构看做是两个背靠背的 PN 结，对 NPN 型来说，基极是两个 PN 结的公共阳极，对 PNP 型管来说基极是两个 PN 结的公共阴极，分别如附图3-3 所示。

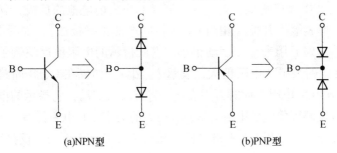

(a)NPN型　　　　　　　　　　(b)PNP型

附图3-3　晶体三极管结构示意图

（1）管型与基极的判别。

万用表置电阻挡，量程选 1k 挡（或 $R \times 100$），将万用表任一表笔先接触某一个电极（假定的公共极），另一表笔分别接触其他两个电极，当两次测得的电阻均很小（或均很大），则前者所接电极就是基极；如两次测得的阻值一大一小，相差很多，则前者假定的基极有错，应更换其他电极重测。

根据上述方法，可以找出公共极，该公共极就是基极 B，若公共极是阳极，则该管属 NPN 型管，反之则是 PNP 型管。

（2）发射极与集电极的判别。

为使三极管具有电流放大作用，发射结需加正偏置，集电结加反偏置，如附图 3-4 所示。

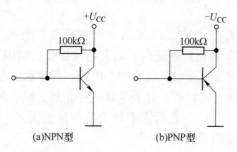

（a）NPN型　　　　　　　（b）PNP型

附图 3-4　晶体三极管的偏置情况

当三极管基极 B 确定后，便可判别集电极 C 和发射极 E，同时还可以大致了解穿透电流 I_{CEO} 和电流放大系数 β 的大小。

以 PNP 型管为例，若用红表笔（对应表内电池的负极）接集电极 C，黑表笔接 E 极（相当 C、E 极间电源正确接法），如附图 3-5 所示，这时万用表指针摆动很小，它所指示的电阻值反映管子穿透电流 I_{CEO} 的大小（电阻值大，表示 I_{CEO} 小）。如果在 C、B 间跨接一只 $R_B = 100k$ 电阻，此时万用表指针将有较大摆动，它指示的电阻值较小，反映了集电极电流 $I_C = I_{CEO} + \beta I_B$ 的大小，且电阻值减小愈多，表示 β 愈大。如果 C、E 极接反（相当于 C-E 间电源极性反接），则

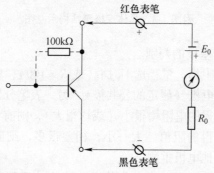

附图 3-5　晶体三极管集电极 C、发射极 E 的判别

三极管处于倒置工作状态，此时电流放大系数很小（一般<1），于是万用表指针摆动很小。因此，比较C-E极两种不同电源极性接法，便可判断C极和E极了。同时还可大致了解穿透电流I_{CEO}和电流放大系数β的大小，如万用表上有h_{FE}插孔，可利用h_{FE}来测量电流放大系数β。

3. 检查整流桥堆的质量

整流桥堆是把四只硅整流二极管接成桥式电路，再用环氧树脂（或绝缘塑料）封装而成的半导体器件。桥堆有交流输入端（A、B）和直流输出端（C、D），如附图3-6所示。采用判定二极管的方法可以检查桥堆的质量。从图中可看出，交流输入端A-B之间总会有一只二极管处于

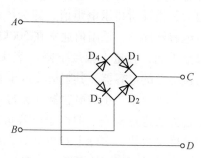

附图3-6 整流桥堆管脚及质量判别

截止状态，使A-B间总电阻趋于无穷大。直流输出端D-C间的正向压降则等于两只硅二极管的压降之和。因此，用数字万用表的二极管挡测A-B的正、反向电压时均显示溢出，而测D-C时显示约为1V，即可证明桥堆内部无短路现象。如果有一只二极管已经击穿短路，那么测A-B的正、反向电压时，必定有一次显示0.5V左右。

4. 电容的测量

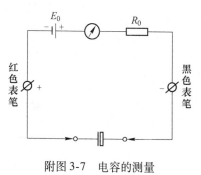

附图3-7 电容的测量

电容的测量，一般应借助于专门的测试仪器。通常用电桥。用万用表仅能粗略地检查一下电解电容是否失效或有漏电情况。

测量电路如附图3-7所示。

测量前应先将电解电容的两个引出线短接一下，使其上所充的电荷释放。然后将万用表置于1k挡，并将电解电容的正、负

极分别与万用表的黑表笔、红表笔接触。在正常情况下，可以看到表头指针先是产生较大偏转（向零欧姆处），以后逐渐向起始零位（高阻值处）返回。这反映了电容器的充电过程，指针的偏转反映电容器充电电流的变化情况。

一般说来，表头指针偏转愈大，返回速度愈慢，则说明电容器的容量愈大；若指针返回到接近零位（高阻值），说明电容器漏电阻很大，指针所指示电阻值，即为该电容器的漏电阻。对于合格的电解电容器而言，该阻值通常在 $500k\Omega$ 以上。电解电容在失效时（电解液干涸，容量大幅度下降）表头指针就偏转很小，甚至不偏转。已被击穿的电容器，其阻值接近于零。

对于容量较小的电容器（云母、瓷质电容等），原则上也可以用上述方法进行检查。但由于电容量较小，表头指针偏转也很小，返回速度又很快，实际上难以对它们的电容量和性能进行鉴别，仅能检查它们是否短路或断路。这时应选用 $R \times 10k$ 挡测量。

附录4 示波器原理及使用

一、示波器的基本结构

示波器的种类很多，但都包含下列基本组成部分，如附图 4-1 所示。

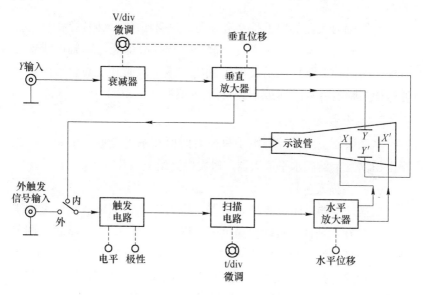

附图 4-1　示波器的基本结构框图

1. 主机

主机包括示波管及其所需的各种直流供电电路，在面板上的控制旋钮有：辉度、聚焦、水平移位、垂直移位等。

2. 垂直通道

垂直通道主要用来控制电子束按被测信号的幅值大小在垂直方向上的偏移。它包括 Y 轴衰减器、Y 轴放大器和配用的高频探头。

通常示波管的偏转灵敏度比较低，因此在一般情况下，被测信号往往需要通过 Y 轴放大器放大后加到垂直偏转板上，才能在屏幕上显示出一定幅度的波形。Y 轴放大器的作用提高了示波管 Y 轴偏转灵敏度。为了保证 Y 轴放大不失真，加到 Y 轴放大器的信号不宜太大，但是实际的被测信号幅度往往在很大范围内变化，此 Y 轴放大器前还必须加一 Y 轴衰减器，以适应观察不同幅度的被测信号。示波器面板上设有"Y 轴衰减器"（通常称"Y 轴灵敏度选择"开关）和"Y 轴增益微调"旋钮，分别调节 Y 轴衰减器的衰减量和 Y 轴放大器的增益。

对 Y 轴放大器的要求是：增益大，频响好，输入阻抗高。

为了避免杂散信号的干扰，被测信号一般都通过同轴电缆或带有探头的同轴电缆加到示波器 Y 轴输入端。但必须注意，被测信号通过探头幅值将衰减（或不衰减），其衰减比为 10:1（或 1:1）。

3. 水平通道

水平通道主要是控制电子束按时间值在水平方向上的偏移，主要由扫描发生器、水平放大器、触发电路组成。

（1）扫描发生器。

扫描发生器又叫锯齿波发生器，用来产生频率调节范围宽的锯齿波，作为 X 轴偏转板的扫描电压。锯齿波的频率（或周期）调节是由"扫描速率选择"开关和"扫速微调"旋钮控制的。使用时，调节"扫速选择"开关和"扫速微调"旋钮，使其扫描周期为被测信号周期的整数倍，保证屏幕上显示稳定的波形。

（2）水平放大器。

水平放大器的作用与垂直放大器一样，将扫描发生器产生的锯齿波放大到 X 轴偏转板所需的数值。

（3）触发电路。

触发电路是用于产生触发信号以实现触发扫描的电路。为了扩展示波器应用范围，一般示波器上都设有触发源控制开关，触发电平与极性控制旋钮和触发方式选择开关等。

二、示波器的二踪显示

1. 二踪显示原理

示波器的二踪显示是依靠电子开关的控制作用来实现的。

电子开关由"显示方式"开关控制，共有五种工作状态，即 Y_1、Y_2、$Y_1 + Y_2$、交替、断续。当开关置于"交替"或"断续"位置时，荧光屏上便可同时显示两个波形。当开关置于"交替"位置时，电子开关的转换频率受扫描系统控制，工作过程如附图4-2所示。即电子开关首先接通 Y_2 通道，进行第一次扫描，显示由 Y_2 通道送入的被测信号的波形；然后电子开关接通 Y_1 通道，进行第

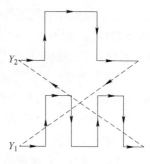

附图4-2 交替方式显示波形

二次扫描，显示由 Y_1 通道送入的被测信号的波形；接着再接通 Y_2 通道……，这样便轮流地对 Y_2 和 Y_1 两通道送入的信号进行扫描、显示，由于电子开关转换速度较快，每次扫描的回扫线在荧光屏上又不显示出来，借助于荧光屏的余晖作用和人眼的视觉暂留特性，使用者便能在荧光屏上同时观察到两个清晰的波形。这种工作方式适宜于观察频率较高的输入信号场合。

当开关置于"断续"位置时，相当于将一次扫描分成许多个相等的时间间隔。在第一次扫描的第一个时间间隔内，显示 Y_2 信号波形的某一段；在第二个时间时隔内，显示 Y_1 信号波形的某一段；以后各个时间间隔轮流地显示 Y_2、Y_1 两信号波形的其余段。经过若干次断续转换，使荧光屏上显示出两个由光点组成的完整波形，如附图4-3（a）所示。由于转换的频率很高，光点靠得很近，其间隙用肉眼几乎分辨不出，再利用消隐

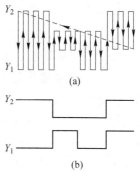

附图4-3 断续方式
显示波形

（a）无消隐；（b）有消隐

的方法使两通道间转换过程的过渡线不显示出来，见附图 4-3 （b），因而同样可达到同时清晰地显示两个波形的目的。这种工作方式适合于输入信号频率较低时使用。

2. 触发扫描

在普通示波器中，X 轴的扫描总是连续进行的，称为"连续扫描"。为了能更好地观测各种脉冲波形，在脉冲示波器中，通常采用"触发扫描"。采用这种扫描方式时，扫描发生器将工作在待触发状态。它仅在外加触发信号作用下，时基信号才开始扫描，否则便不扫描。这个外加触发信号通过触发选择开关分别取自"内触发"（Y 轴的输入信号经由内触发放大器输出触发信号），也可取自"外触发"输入端的外接同步信号。其基本原理是利用这些触发脉冲信号的上升沿或下降沿来触发扫描发生器，产生锯齿波扫描电压，然后经 X 轴放大后送 X 轴偏转板进行光点扫描。适当地调节"扫描速率"开关和"电平"调节旋钮，能方便地在荧光屏上显示具有合适宽度的被测信号波形。

上面介绍了示波器的基本结构，下面将结合使用介绍电子技术实验中常用的 CA8020 型双踪示波器。

三、CA8020 型双踪示波器

1. 概述

CA8020 型示波器为便携式双通道示波器。本机垂直系统具有 0～20MHz 的频带宽度和 5mV/DIV～5V/DIV 的偏转灵敏度，配以 10∶1 探极，灵敏度可达 5V/DIV。本机在全频带范围内可获得稳定触发，触发方式设有常态、自动、TV 和峰值自动 4 种，尤其峰值自动给使用带来了极大的方便。内触设置了交替触发，可以稳定地显示两个频率不相关的信号。本机水平系统具有 0.5S/DIV～0.2μs/DIV 的扫描速度，并设有扩展×10，可将最快扫描速度提高到 20ns/DIV。

2. 面板控制件介绍

CA8020 面板图如附图 4-4 所示，面版功能见附表 4-1。

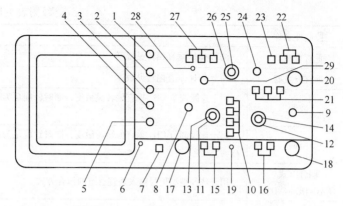

附图 4-4 CA8020 型双踪示波器面板图

附表 4-1 附图 4-4 说明

序号	控制件名称	功　　能
1	亮度	调节光迹的亮度
2	辅助聚焦	与聚焦配合，调节光迹的清晰度
3	聚焦	调节光迹的清晰度
4	迹线旋转	调节光迹与水平刻度线平行
5	校正信号	提供幅度为 0.5V，频率为 1kHz 的方波信号，用于校正 10:1 探极的补偿电容器和检测示波器垂直与水平的偏转因数
6	电源指示	电源接通时，灯亮
7	电源开关	电源接通或关闭
8	CH$_1$ 移位 PULL CH$_1$-X CH$_2$-Y	调节通道 1 光迹在屏幕上的垂直位置，用作 X-Y 显示
9	CH$_2$ 移位 PULL　INVERT	调节通道 2 光迹在屏幕上的垂直位置，在 ADD 方式时使 CH$_1$ + CH$_2$ 或 CH$_1$ − CH$_2$
10	垂直方式	CH$_1$ 或 CH$_2$：通道 1 或通道 2 单独显示 ALT：两个通道交替显示 CHOP：两个通道断续显示，用于扫速较慢时的双踪显示 ADD：用于两个通道的代数和或差

序号	控制件名称	功　能
11	垂直衰减器	调节 CH_1 垂直偏转灵敏度
12	垂直衰减器	调节 CH_2 垂直偏转灵敏度
13	微调	用于连续调节 CH_1 垂直偏转灵敏度，顺时针旋足为校正位置
14	微调	用于连续调节 CH_2 垂直偏转灵敏度，顺时针旋足为校正位置
15	耦合方式 （AC-DC-GND）	用于选择被测信号输入垂直通道的耦合方式
16	耦合方式 （AC-DC-GND）	用于选择被测信号输入垂直通道的耦合方式
17	CH_1　OR　X	被测信号的输入插座
18	CH_2　OR　Y	被测信号的输入插座
19	接地（GND）	与机壳相连的接地端
20	外触发输入	外触发输入插座
21	内触发源	用于选择 CH_1、CH_2 或交替触发
22	触发源选择	用于选择触发源为 INT（内），EXT（外）或 LINE（电源）
23	触发极性	用于选择信号的上升或下降沿触发扫描
24	电平	用于调节被测信号在某一电平触发扫描
25	微调	用于连续调节扫描速度，顺时针旋足为校正位置
26	扫描速率	用于调节扫描速度
27	触发方式	常态（NORM）：无信号时，屏幕上无显示；有信号时，与电平控制配合显示稳定波形。 自动（AUTO）：无信号时，屏幕上显示光迹；有信号时，与电平控制配合显示稳定波形。 电视场（TV）：用于显示电视场信号。 峰值自动（P-P AUTO）：无信号时，屏幕上显示光迹；有信号时，无须调节电平即能获得稳定波形显示
28	触发指示	在触发扫描时，指示灯亮
29	水平移位 PULL ×10	调节迹线在屏幕上的水平位置拉出时扫描速度被扩展 10 倍

3. 操作方法

（1）电源检查。

CA8020 双踪示波器电源电压为 220V ± 10%。接通电源前，检查当地电源电压，如果不相符合，则严格禁止使用！

（2）面板一般功能检查。

1）将有关控制件按附表 4-2 置位。

附表 4-2　控制件置位

控制件名称	作用位置	控制件名称	作用位置
亮　　度	居中	触发方式	峰值自动
聚　　焦	居中	扫描速率	0.5ms/div
位　　移	居中	极　　性	正
垂直方式	CH$_1$	触发源	INT
灵敏度选择	10mV/div	内触发源	CH$_1$
微　　调	校正位置	输入耦合	AC

2）接通电源，电源指示灯亮，稍预热后，屏幕上出现扫描光迹，分别调节亮度、聚焦、辅助聚焦、迹线旋转、垂直、水平移位等控制件，使光迹清晰并与水平刻度平行。

3）用 10:1 探极将校正信号输入至 CH$_1$ 输入插座。

4）调节示波器有关控制件，使荧光屏上显示稳定且易观察方波波形。

5）将探极换至 CH$_2$ 输入插座，垂直方式置于"CH$_2$"，内触发源置于"CH$_2$"，重复 D 操作。

（3）垂直系统的操作。

1）垂直方式的选择。

当只需观察一路信号时，将"垂直方式"开关置"CH$_1$"或"CH$_2$"，此时被选中的通道有效，被测信号可从通道端口输入。当需要同时观察两路信号时，将"垂直方式"开关置"交替"，该方式使两个通道的信号被交替显示，交替显示的频率受扫描周期控制。当扫速低于一定频率时，交替方式显示会出现闪烁，此时应将开关置于"断续"位置。当需要观察两路信号代数和时，将"垂直方式"开关置于"代数和"位置。在选择这种方式时,两个通道的衰减设置必须一致,CH_2 移位处于常态时,为 $CH_1 + CH_2$;CH_2 移位拉出时,为 $CH_1 - CH_2$。

2)输入耦合方式的选择。

直流(DC)耦合:适用于观察包含直流成分的被测信号,如信号的逻辑电平和静态信号的直流电平,当被测信号的频率很低时,也必须采用这种方式。

交流(AC)耦合:信号中的直流分量被隔断,用于观察信号的交流分量,如观察较高直流电平上的小信号。

接地(GND):通道输入端接地(输入信号断开),用于确定输入为零时光迹所处位置。

3)灵敏度选择(V/div)的设定。

按被测信号幅值的大小选择合适挡级。"灵敏度选择"开关外旋钮为粗调,中心旋钮为细调(微调),微调旋钮按顺时针方向旋足至校正位置时,可根据粗调旋钮的示值(V/div)和波形在垂直轴方向上的格数读出被测信号幅值。

(4)触发源的选择。

1)触发源选择。

当触发源开关置于"电源"触发,机内 50 Hz 信号输入到触发电路。当触发源开关置于"常态"触发,有两种选择,一种是"外触发",由面板上外触发输入插座输入触发信号;另一种是"内触发",由内触发源选择开关控制。

2)内触发源选择。

"CH_1"触发:触发源取自通道1。

"CH_2"触发:触发源取自通道2。

"交替触发":触发源受垂直方式开关控制,当垂直方式开关置于"CH_1",触发源自动切换到通道1;当垂直方式开关置于"CH_2",触发源自动切换到通道2;当垂直方式开关置于"交替",触发源与通道1、通道2同步切换,在这种状态使用时,两个不相关的信号其频率不应相差很大,同时垂直输入耦合应置于"AC",触发方式应置于"自动"或"常态"。当垂直方式开关置于"断续"和"代数和"时，内触发源选择应置于"CH$_1$"或"CH$_2$"。

（5）水平系统的操作。

1）扫描速度选择（t/div）的设定。

按被测信号频率高低选择合适挡级，"扫描速率"开关外旋钮为粗调，中心旋钮为细调（微调），微调旋钮按顺时针方向旋足至校正位置时，可根据粗调旋钮的示值（t/div）和波形在水平轴方向上的格数读出被测信号的时间参数。当需要观察波形某一个细节时，可进行水平扩展×10，此时原波形在水平轴方向上被扩展10倍。

2）触发方式的选择。

"常态"：无信号输入时，屏幕上无光迹显示；有信号输入时，触发电平调节在合适位置上，电路被触发扫描。当被测信号频率低于20Hz时，必须选择这种方式。

"自动"：无信号输入时，屏幕上有光迹显示；一旦有信号输入时，电平调节在合适位置上，电路自动转换到触发扫描状态，显示稳定的波形，当被测信号频率高于20Hz时，最常用这一种方式。

"电视场"：对电视信号中的场信号进行同步，如果是正极性，则可以由CH$_2$输入，借助于CH$_2$移位拉出，把正极性转变为负极性后测量。

"峰值自动"：这种方式同自动方式，但无须调节电平即能同步，一般适用于正弦波、对称方波或占空比相差不大的脉冲波。对于频率较高的测试信号，有时也要借助于电平调节，它的触发同步灵敏度要比"常态"或"自动"稍低一些。

3）"极性"的选择。

用于选择被测试信号的上升沿或下降沿去触发扫描。

4）"电平"的位置。

用于调节被测信号在某一合适的电平上启动扫描，当产生触发扫描后，触发指示灯亮。

4. 测量电参数

（1）电压的测量。

示波器的电压测量实际上是对所显示波形的幅度进行测量，测量时应使被测波形稳定地显示在荧光屏中央，幅度一般不宜超过 6div，以避免非线性失真造成的测量误差。

1）交流电压的测量。

①将信号输入至 CH_1 或 CH_2 插座，将垂直方式置于被选用的通道。

②将 Y 轴"灵敏度微调"旋钮置校准位置，调整示波器有关控制件，使荧光屏上显示稳定、易观察的波形，则交流电压幅值

$$V_{p-p} = 垂直方向格数(div) \times 垂直偏转因数(V/div)$$

2）直流电平的测量。

①设置面板控制件，使屏幕显示扫描基线。

②设置被选用通道的输入耦合方式为"GND"。

③调节垂直移位，将扫描基线调至合适位置，作为零电平基准线。

④将"灵敏度微调"旋钮置校准位置，输入耦合方式置"DC"，被测电平由相应 Y 输入端输入，这时扫描基线将偏移，读出扫描基线在垂直方向偏移的格数（div），则被测电平：

$$V = 垂直方向偏移格数(div) \times 垂直偏转因数(V/div) \times$$
$$偏转方向(+ 或 -)$$

式中，基线向上偏移取正号，基线向下偏移取负号。

（2）时间测量。

时间测量是指对脉冲波形的宽度、周期、边沿时间及两个信号波形间的时间间隔（相位差）等参数的测量。一般要求被测部分在荧光屏 X 轴方向应占 4 ~ 6div。

1）时间间隔的测量。

对于一个波形中两点间的时间间隔的测量，测量时先将"扫描微调"旋钮置校准位置，调整示波器有关控制件，使荧光屏上波形在 X 轴方向大小适中，读出波形中需测量两点间水平方向格数，则时间间隔：

$$时间间隔 = 两点之间水平方向格数(div) \times$$
$$扫描时间因数(t/div)$$

2）脉冲边沿时间的测量。

上升（或下降）时间的测量方法和时间间隔的测量方法一样，只不过是测量被测波形满幅度的 10% 和 90% 两点之间的水平方向距离，如附图 4-5 所示。

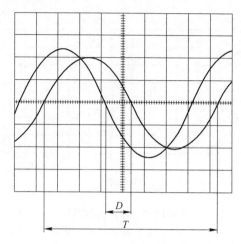

附图 4-5　上升时间的测量

用示波器观察脉冲波形的上升边沿、下降边沿时，必须合理选择示波器的触发极性（用触发极性开关控制）。显示波形的上升边沿用 " + " 极性触发，显示波形下降边沿用 " − " 极性触发。如波形的上升沿或下降沿较快，则可将水平扩展 ×10，使波形在水平方向上扩展 10 倍，则上升（或下降）时间为：

$$上升（或下降）时间 = \frac{水平方向格数(\mathrm{div}) \times 扫描时间因数(\mathrm{t/div})}{水平扩展倍数}$$

3）相位差的测量。

①参考信号和一个待比较信号分别输入 "CH_1" 和 "CH_2" 输入插座。

②根据信号频率，将垂直方式置于 "交替" 或 "断续"。

③设置内触发源至参考信号那个通道。

④将 CH_1 和 CH_2 输入耦合方式置 "⊥"，调节 CH_1、CH_2 移位旋钮，使两条扫描基线重合。

⑤将 CH_1、CH_2 耦合方式开关置 "AC"，调整有关控制件，使

荧光屏显示大小适中、便于观察两路信号，如附图 4-6 所示。读出两波形水平方向差距格数 D 及信号周期所占格数 T，则相位差：$\theta = \dfrac{D}{T} \times 360°$。

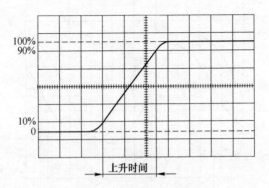

附图 4-6　相位差的测量

参 考 文 献

[1] 邱关源. 电路 [M]. 4 版. 北京：高等教育出版社，1999.

[2] 童诗白. 模拟电子技术基础 [M]. 3 版. 北京：高等教育出版社，2001.

[3] 闫石. 数字电子技术基础 [M]. 4 版. 北京：高等教育出版社，1988.

[4] 谢自美. 电子线路设计·实验·测试 [M]. 武汉：华中科技大学出版社，1988.

[5] 李书杰，侯国强. 电路实验教程 [M]. 北京：冶金工业出版社，2004.

[6] 刘耀年，蔡国伟. 电路实验与仿真 [M]. 北京：中国电力出版社，2006.

[7] 毕满清. 电子技术实验与课程设计 [M]. 北京：机械工业出版社，2005.

[8] 赵淑范，王宪伟. 电子技术实验与课程设计 [M]. 北京：清华大学出版社，2006.

[9] 吴霞，沈小丽，李敏. 电路与电子技术实验教程 [M]. 北京：机械工业出版社，2013.

[10] 党宏社. 电路、电子技术实验与电子实训 [M]. 2 版. 北京：电子工业出版社，2012.

[11] 邓泽霞. 电路电子实验教程 [M]. 北京：国防工业出版社，2014.

冶金工业出版社部分图书推荐

书　名	作　者	定价（元）
自动控制原理（第 4 版）（本科教材）	王建辉　主编	18.00
自动控制原理习题详解（本科教材）	王建辉　主编	18.00
热工测量仪表（第 2 版）（国规教材）	张　华　等编	46.00
自动控制系统（第 2 版）（本科教材）	刘建昌　主编	15.00
自动检测技术（第 3 版）（国规教材）	王绍纯　等编	45.00
机电一体化技术基础与产品设计	刘　杰　主编	46.00
（第 2 版）（国规教材）		
轧制过程自动化（第 3 版）	丁修堃　主编	59.00
（国规教材）		
现代控制理论（英文版）（本科教材）	井元伟　等编	16.00
电气传动控制技术（本科教材）	钱晓龙　等编	28.00
工业企业供电（第 2 版）	周　瀛　等编	28.00
冶金设备及自动化（本科教材）	王立萍　等编	29.00
电工与电子实训教程（本科教材）	董景波　主编	18.00
机电一体化系统应用技术（高职教材）	杨普国　主编	36.00
复杂系统的模糊变结构控制及其应用	米　阳　等著	20.00
冶金过程自动化基础	孙一康　等编	68.00
冶金原燃料生产自动化技术	马竹梧　编著	58.00
连铸及炉外精炼自动化技术	蒋慎言　编著	52.00
热轧生产自动化技术	刘　玠　等编	52.00
冷轧生产自动化技术	刘　玠　等编	52.00
冶金企业管理信息化技术	漆永新　编著	56.00
冷热轧板带轧机的模型与控制	孙一康　编著	59.00